醬醬好料理

Sauce It Up!

陳進佑　李俊賢——著
周禎和——攝影

美味的人生

陳進佑
自序

俗話說「百菜百味」，每一道料理都有它的美好滋味，但是現代人因生活忙碌，無法好好安心吃頓飯，常食不知味。

每當有人問我料理調味的美味之道：「如何才能做出美味的料理？」我常會說：「用心做，也用心吃。」一個人如果不能活在當下，是無法用餐愉快的。我相信一個人若能用心吃，生活自然會過得好。

因此，美味的關鍵所在，我認為就在於能否以感恩心來慢慢品嘗料理，也就是需要慢食。在品嘗每一道料理時，不妨先想一想每一種食材的來源，如何從農夫栽種、收成，一路運送到餐廳，直至完成烹調上桌的過程，一餐飯果真得之不易，是集合了眾生的恩情所共同成就的。感恩心，能讓我們用餐更惜福，吃出美好的生命滋味。

雖然我因為餐飲工作，而品嘗過很多精緻飲食，但始終忘不了家鄉味，忘不了那一種天然蔬果原始的味道。像是小時候鄉下種的番茄、紅蘿蔔……，充滿著自然的菜根香。不像現代很多改良品種後的蔬果，聞起來沒有什麼味道，讓人感覺少了一種生命力。

我認為食用新鮮的食物，可以讓人的生命也隨之鮮活起來。因此，本書採用臺灣盛產的新鮮蔬果，設計色彩繽紛、風味多元的天然醬料，讓大家從視覺、味覺到嗅覺，都能對蔬食料理有全新的感覺。

調味的目的，是幫助我們吃出食材本身的風味，也就是品嘗原味。其實有時調味，只需要恰到好處的一點鹽、一點糖，就能讓食物的味道鮮活起來。食物的美味與否，最重要的仍是自己能否用心品味。美味的人生，就在當下！

醬料料理，用料要有理

李俊賢

自序

以天然食材製作新鮮醬汁，提昇食材的風味與口感，讓大家可以吃得健康美味，是我設計本書的初衷。

雖然市售的現成醬料琳瑯滿目，可任君選擇。但是貪一時的方便，卻可能造成身體的負擔。身體長期食用添加過量的化學調味料，健康容易受損。如果仔細感受一下身體變化，便可發現在吃多油膩的重口味醬料料理後，身體會感覺很沉重疲倦，胃腸也不太舒適。

因此，我在多方涉獵了中式、日式、西式等不同料理領域後，在設計新菜色時，總是會回歸到食物的原味做思考，即便是使用不同國界的醬料，仍會運用新鮮的天然食材來製作。並且不過度調味，設計能夠提昇食材本身風味的天然醬料。

所謂的「料理」，就是「用料要有理」。料理如能選用當令的新鮮食材，就已成功了一半。這時的適當調味就變得很重要，如果選用不適合的醬汁做搭配，遮覆了食材本身的鮮味，等於是浪費了食材。做料理，最重要的就是要了解食材的特性，了解什麼樣的食材需要什麼樣的醬料調味。

很多人在烹調過程中，沒有進行試吃的習慣，往往在料理端上桌後，才知道菜餚的味道。所謂的「調味」，並非加了調味料即可，而是需要透過親自的試吃，才能調整出恰當的好味道。因此，希望大家不要過度依賴市售的醬料商品，而忘了用自己的味蕾去品嘗與調味。

另外，想和讀者分享的是，本書特別活用大量的新鮮蔬果做天然醬料，希望讓大家恢復靈敏的味覺後，也能對人生的酸、甜、苦、辣，重新發掘鮮活的感覺！

李俊賢

Sauce It Up!
contents

目錄

酸味醬料理 Chapter 1 sour sauce

甜味醬料理 Chapter 2 sweet sauce

鹹味醬料理 Chapter 3 salty sauce

辣味醬料理 Chapter 4 spicy sauce

鮮味醬料理 Chapter 5 savory sauce

酸味醬料理要領

純素酸味醬料理特色

通常中華料理中的酸味來源，都是以醋為主。但是在天然蔬果中，其實有更多不同的酸香風味食材可以活用。在被譽為水果王國的臺灣，我們可以充分運用鳳梨、檸檬、柚子、梅子……等多種天然蔬果，自製新鮮醬料，隨四季變化，做出具有季節感的酸味醬料理。

由於幾乎所有的水果都可以用於做醬汁，所以用水果的酸香風味，調製素食酸味醬，可以自由運用食材。因此，本書在設計酸味醬上，以使用水果醋與天然水果自製新鮮醬汁為特色。

對素食料理來說，酸香的水果醬汁，充滿大自然的新鮮活力，特別能展現蔬食的純淨美好。而世界各國的酸味醬風味料理，改以臺灣水果醬汁入菜，往往能調製出有趣的新鮮食感。

烹調酸味醬料理的關鍵：

1. 使用新鮮水果做的天然醬汁，酸香容易遇熱蒸發，所以較不適合久煮。
2. 酸味料理的味道如過酸，可以水稀釋酸度，或是加糖調整酸度。
3. 酸味料理適合使用砂鍋、陶鍋，烹煮時盡量不使用鐵鍋做料理，以免鐵味滲透食物裡，並同時避免鐵質讓菜色變得灰黑暗沉。
4. 熱菜或熱湯做勾芡，可以幫助酸味料理入味，並防止香氣揮發。
5. 醋若含鹽，可以凸顯鹹味，所以多用醋能減少加鹽，幫助降低鹽的用量。

常見純素酸味醬食材

素食的酸味醬，主要調味品為醋，其他如檸檬、鳳梨等蔬果，也是常見的酸味來源。酸菜、泡菜、梅醬、酸黃瓜醬……等中西醬菜漬物，也常被用於調製成風味醬。由於市售的罐裝醬菜與酸味醬，有些可能有化學添加物醋酸或防腐劑，建議盡可能使用健康的天然酸味醬為宜。

此處介紹兩種酸味醬的代表調味品：

● 醋：

醋是酸味料理不可或缺的重要角色，醋可解油膩，增加菜餚的香氣口感。近年來隨著飲用水果醋養生的風潮盛行，醋的種類日趨繁多。但是素食者在選購醋時要留意，是否含有酒精成分，如為葡萄酒醋或蘋果酒醋，便不能使用。基本上，中華料理使用的醋可分為白醋與烏醋，白醋的功能是提供菜餚的酸味，烏醋的功能則是增加香味。西式料理可使用巴沙米可醋，增加風味。

● 酸味水果果汁：

西式料理常直接使用水果榨汁做料理醬汁，中華料理則因醋的普遍使用，而較少使用新鮮果汁做為酸味醬來源。檸檬汁、金桔汁、鳳梨汁、葡萄柚汁……等新鮮果汁，都非常適合入菜。不過在榨汁時，要留意不要誤加入會有苦澀味的果囊，以免料理也帶有苦味。

甜味醬料理要領

純素甜味醬料理特色

甜味可以調和料理的不同味道，讓食物不會五味雜陳，吃起來更加順口。因此，即使不是做甜點，也可以在料理添加一點糖、蜂蜜或其他甜味料，幫助調和風味。

甜味能為人帶來幸福感，香甜的氣味可讓人感到紓壓。但是過度的用糖量，會讓味道過於甜膩，並且也有礙健康。因此，本書的甜味醬從多種天然蔬果，取其自然的甜味與香氣，調製世界各國特殊風味的醬料料理。

使用天然蔬果製作甜味醬，可以減少用糖量，調整重口味的飲食習慣，品嘗到食材本身的風味。透過涼拌、煎、煮、炒、炸等多種不同料理技法，搭配特製的甜味醬，可以讓料理的口感更豐富。

烹調甜味醬料理的關鍵：

1. 烹調時，如是甜味為主的料理，要先放糖，再放鹽；如是鹹味為主的料理，要先放鹽，再放糖。
2. 甜味可化解鹹味、緩和酸味、遮蓋苦味，讓味道變得柔和，所以當料理的味道過鹹或過酸時，可用甜味中和味道。
3. 砂糖是最常使用的甜味來源，適用於一般料理；冰糖的味道甜而不膩，適用於甜點、滷菜、燉煮料理；果糖與蜂蜜適用於調製水果醬；麥芽糖可增加醬汁的黏稠度與料理的光澤。

常見純素甜味醬食材

素食的甜味醬，主要調味食材為糖。糖的種類眾多，砂糖、冰糖、果糖、方糖、麥芽糖……，都是常用的甜味醬食材。其他如蜂蜜、楓糖、椰奶、果醬，乾果類如紅棗、黑棗、龍眼乾，以及高甜度的根莖類蔬菜，都可成為甜味醬食材。

此處介紹兩種甜味醬的代表調味食材：

● 糖：

糖是最容易綜合味道的調味品，適合調製酸甜醬、甜辣醬等複合醬醬料。糖的主要種類可分為：綿白糖、白砂糖、赤砂糖、冰糖、方糖、果糖……，其中最常使用的是白砂糖。白砂糖又稱蔗糖，不但甜度足夠，使用方便，容易以水溶解，並可製作香甜的焦糖，增加料理風味。中國在還沒有製作砂糖的技術前，古代人習慣使用麥芽糖與蜂蜜，如果不想食用太多精製糖，也可使用麥芽糖、蜂蜜或楓糖。

● 甜味水果果泥：

果泥是天然甜味醬，帶有芬芳的果香。使用當令水果自製甜味醬，最為新鮮美味，哈蜜瓜泥、蘋果泥、芒果泥、香蕉泥、水蜜桃泥、柿子泥……，皆可調製醬汁。甜味醬所使用的水果泥，建議盡量不做加熱處理，以保持最新鮮的口感與養分。除了果泥，甜度高的根莖類食材，也適合調製成泥，如地瓜泥、南瓜泥，做涼伴沙拉或是焗烤醬，皆很美味。但是使用瓜泥做醬，必須煮或烤至熟透，才能釋放足夠的甜味。

鹹味醬料理要領

純素鹹味醬料理特色

鹹味是烹調的主味，如同傳統所說：「五味之中，鹹為首。」而鹽是鹹味的關鍵來源，被稱為是「百味之主」。雖然料理調味，幾乎少不了鹽，但是國人的鹽量攝取過多，口味愈吃愈重，嚴重影響到身體健康，需要減少食鹽用量。

因此，本書在設計鹹味醬時，盡可能減少用鹽量，使用可降低鹽分攝取的多種鹹味醬，使用鹹味醬，不但比直接大量使用食鹽更加健康，而且可以增加料理風味。

善用鹹味醬，可以遮掩不佳的味道，讓菜餚變得鮮美不膩口。針對國人的飲食習慣喜食鹹香重口味，不妨以無國界料理手法，試著用中國、日本、西洋、南洋等多國料理做為變化之道，讓鹹味可以有更豐富的吃法，不再依賴重口味。

烹調鹹味醬料理的關鍵：

1. 熱炒料理在起鍋前，才加鹽調味，以保持蔬菜的清脆口感與鮮綠色澤。如果過早加鹽熱炒，蔬菜會產生苦味，並快速流失水分。
2. 乾煎食材時，加鹽可幫助快速收乾湯汁，增加蔬菜的色澤和香氣。
3. 燙煮蔬果時，加入適量的鹽，可保持蔬果的色澤不變色。
4. 完成油炸時，趁熱在料理表面撒上少許鹽，可增加炸物的美味。
5. 料理時，以醬油嗆鍋，可產生鍋香。

常見純素鹹味醬食材

素食的鹹味醬，主要調味品為鹽與醬油，其他如味噌、京醬、豆腐乳、豆豉、黑豆瓣、素蠔油也是常見的鹹味調味品。有很多風味料理常使用榨菜、酸菜、冬菜、梅干菜、酸黃瓜、醬瓜、蔭瓜、樹子等醬菜漬物做特製醬汁，但市售的成品往往鹹度過重，所以本書提供多種自製的天然健康鹹味醬。

此處介紹兩種鹹味醬的代表調味品：

● 鹽：

鹽在鹹味醬的功能，主為提味，用量過多會失去鮮甜度，變得「死鹹」，少許鹽即可讓醬料美味畫龍點睛。而在使用鹹味醬做料理時，要酌量使用鹽，以免過鹹。

常用鹽的種類可分為：

1. 精鹽：為加工精製的鹽，鹹味單調，缺少鮮甜度，含鈉量過高，不宜多吃。
2. 海鹽：微帶鮮味，鹹度較精鹽為低，適合用於醃拌食物。
3. 岩鹽：甘鹹微甜，風味絕佳，但價格偏高。
4. 粗鹽：常用於醃製食品。

為了健康設想，建議盡量以海鹽代替精鹽做料理。

● 醬油：

醬油起源於中國，風行亞洲，是東方料理的風味關鍵。醬油除提供鹹味外，還可增加食物的香味與色澤。醬油的種類很多，盡量以純釀醬油代替化學醬油，比較健康美味。如欲檢查醬油是否為天然釀造，可搖晃瓶身，如果起泡後持久不消，即為天然純釀醬油，反之，若泡沫迅速消失的，即為化學醬油。

醬油依使用功能，可分為：

1. 深色醬油：香氣較足，具有著色功能，適合紅燒、燉滷。
2. 淡色醬油：使用在需要食材維持原色，不被醬油著色過深的料理。
3. 白醬油：多使用在涼拌或豆腐料理。

辣味醬料理要領

純素辣味醬料理特色

有些人以為素食不能食用辣味醬，將辣椒、花椒都視同為五辛調味，這是一種誤解。其實，除了蔥、蒜、韮、洋蔥、蕎頭等五辛外，其他的辣味辛香料都是可以使用的。素食的辣味醬，沒有蔥、蒜的腥臭味，不但香辣爽口，又可保持口氣清新。

辣味醬在料理調味上的優點是，能增加強烈的香氣，並且能與酸、甜、鹹、苦等不同味道，和諧共存。因此，不論是甜辣醬或酸辣醬，都能讓調味更豐富可口。東方菜系以辣聞名的，包括中華料理的麻辣四川菜、鹹辣湖南菜，泰國料理的酸辣風味，韓國料理的甜辣風味，都是各具特色，讓人辣得過癮。

本書所設計的辣味醬料理，除結合不同國家地區的辣味經典料理，並特別以多種不同的辣味食材做特製辣醬。讓大家除了熟悉的辣椒醬外，也能活用咖哩醬、芥末醬、白蘿蔔泥等天然食材，做出不同層次、口感的清爽辣味醬。

烹調辣味醬料理的關鍵：

1. 辣味不易入味，只能讓湯汁或食材包裹辣味，難以讓食材吸收。因此除涼拌菜，應在烹調時趁熱加入，以透過加熱的溫度滲透食材。
2. 爆香辣椒、花椒或炒香咖哩粉時，要留意火候勿炒焦，以免味道變苦。
3. 辣椒的辣味來源在於辣椒子，可以去子與否來調整辣度。
4. 料理調味過辣時，可增加食材用量，或酌加一點醋，以降低辣度。
5. 胡椒粉的味道香辣迷人，但要在料理完成時再灑上，以免香氣容易揮發消失。

常見純素辣味醬食材

辣味是最強烈的一種味道，辛香料的種類非常多元。素食的辣味醬，主要調味品為辣椒與辣油，其他如花椒、薑、胡椒、芥末、咖哩粉、七味粉也是常見的辣味調味品。有很多風味料理也會使用韓國泡菜、剝皮辣椒或辣蘿蔔乾漬物做特製醬汁，做出帶有傳統家鄉風味的辣味醬料理。

此處介紹兩種辣味醬的代表調味品：

● 辣椒：

辣椒原產於南美洲熱帶地區，在明朝末年才傳入中國。雖然傳入只有幾百年時間，卻讓四川、湖南、雲南、貴州……等地方菜系大為改觀，許多人都是無辣不歡，餐餐必佐以辣椒調味。辣椒具有增香、提味與殺菌的功能，除直接以生辣椒做料理外，用辣椒製成的調味品種類繁多，辣椒醬、辣椒油、辣椒乾、辣椒粉……等，都具有特殊風味。例如僅僅是宮保辣椒，就可自由變化出百搭菜。

● 咖哩粉：

咖哩粉以薑黃為主要原料，加上胡椒、桂皮、花椒、薑片、茴香等多種香料配製，研磨成粉狀香辛調味料。咖哩粉的味道辛辣，香氣濃郁，適用於不同烹調技法，讓咖哩料理廣受人們喜愛。不同國度的咖哩料理，也各有特色。除日本咖哩因添加果泥，而味道偏甜，大部分的咖哩料理仍以辛辣風味為主，例如泰國料理的綠咖哩、紅咖哩、黃咖哩，皆以風味特殊馳名遠近。

鮮味醬料理要領

純素鮮味醬料理特色

鮮味又稱為「美味」，是能讓人再三回味的鮮美滋味。鮮味主來自麩胺酸鈉，以味精最具代表性。但在天然蔬果、菇類、昆布……等食材中，也含有豐富的鮮味物質成分，能讓人感覺到食物的鮮美，希望使用這些食材提供健康美味的提鮮方法。

本書所設計的鮮味醬特色，主要以具鮮味的天然醬汁帶出食材的鮮美味道，不使用化學添加物的調味品。並且使用一些具苦味的食材，以凸顯醬料料理苦後回甘的美好風味。讓鮮美的味道，增加了豐富的層次變化。

活用素食鮮味醬，可以讓料理的味道更可口，愈吃愈順口。本書特別將一些常見的涼拌、熱炒、水煮、焗烤料理，以新鮮組合開創新口感，並搭配鮮味醬提鮮增香，希望讓大家感受素食的鮮活時尚風格。

烹調鮮味醬料理的關鍵：

1. 要掌握火候，熱炒蔬果的火候要足夠，熱度夠才能炒出鮮甜味。
2. 蔬果高湯、香菇高湯、昆布高湯的鮮味，能讓料理增加美味。高湯食材如高麗菜、紅蘿蔔等有菜腥味的蔬菜，加入西洋芹或月桂葉即可改善風味。
3. 適量的海鹽、岩鹽、醬油或醋，可提昇料理的鮮味。
4. 料理時，可搭配多種不同蔬果種類，讓鮮味更豐富。

常見純素鮮味醬食材

素食的鮮味醬，主要調味來源為菇類、昆布、核果與蔬果，其他如醬油、味增或醋，也都具有提鮮功能。蔬果類中，番茄是最常見的鮮味食材，番茄糊或番茄乾都能提供足夠的鮮味。本書希望以豐富的鮮味來源，讓大家盡量使用未加工調味過的天然食材，不使用市售的香菇精、味精一類調味品，能品嘗自然的美味。

此處介紹兩種鮮味醬的代表調味食材：

● 香菇：

香菇能為料理提供足夠的鮮味。乾香菇的鮮香風味比新鮮香菇更加濃厚，更易出味。發泡乾香菇的香菇水，香氣非常濃郁，可以當高湯直接用於料理，增加風味。爆香香菇時，如果再嗆醬油，會有迷人的鍋香。

● 昆布：

昆布又稱海帶，是一種海藻，為最常見的提鮮食材。選購昆布，宜選用深墨綠色、質地寬厚，葉片布滿白霜者，口感與鮮度最佳。昆布買回家後，要密封存放在乾燥陰暗處，以免受潮。昆布使用前不必沖洗，只要以乾布輕輕擦拭即可，以免洗除昆布上的白霜，這正是甘味精華。煮昆布時，要先將昆布放入鍋內冷水中，再開火，以讓昆布在水中發泡，釋放完整的鮮味。水煮滾後，即可撈起昆布，勿煮至過於軟爛。

Chapter 1

sour sauce

酸味醬料理

Sauce It Up!

紫蘇梅醬山藥餅

由於山藥的味道清淡，所以用紫蘇梅醬增加山藥餅的風味。
使用紫蘇梅的原因是，它的口感比較綿密。
梅子在中國古代的料理，扮演著等同醋的功能，
很多菜餚都是以梅、鹽調味。
現代人喜食梅子，但多是當作零食或養生食品，
不妨試著恢復古風，以梅子入菜調味。

材料
- 日本山藥300公克 ● 蘑菇（大朵）2朵 ● 香菜5公克 ● 乾腐皮5張

麵糊
- 麵粉2大匙 ● 水4大匙

調味料
- 紫蘇梅醬1大匙 ● 花生油2大匙

做法
1. 山藥洗淨去皮，切2公分厚的圓片；蘑菇洗淨，切片；香菜洗淨，取葉片；乾腐皮洗淨，瀝乾水分，切粗絲，備用。
2. 將山藥片、蘑菇片、香菜葉依序放上，淋上麵糊，裹上腐皮絲，即為山藥餅。
3. 取一鍋，倒入花生油，放入山藥餅，將山藥餅表面煎至金黃色，即可起鍋。
4. 取一個盤子，將山藥餅排入盤中，淋上紫蘇梅醬，以香菜葉做裝飾，即可食用。

醬料BOX
紫蘇梅醬

材料
紫蘇梅6粒
糖1大匙
紫蘇梅汁4大匙

做法
1. 紫蘇梅去子，切碎，備用。
2. 將全部材料放入果汁機，攪打均勻即可。

美味小提醒
- 如不想油煎，也可改以油炸法，用160度的油，將山藥餅炸至金黃色即可。
- 腐皮絲不可切太細，以免油煎或油炸時容易焦黑。
- 如想將紫蘇梅醬用於熱炒或煮湯，需要再增加鹽的用量，以讓鹹味足夠。由於紫蘇梅醬的酸味容易揮發，所以勿過早做調味，在起鍋前拌入料理略煮或拌炒即可。

和風南瓜佐莎莎醬

莎莎醬原本是一種墨西哥的酸辣醬，
將切碎的新鮮蔬果混合後，調製成酸辣風味的醬汁。
莎莎醬在風行全球後，做法變化愈趨多元，
可以活用臺灣盛產的蔬果做出自己喜愛的獨家口味。
如示範的酸甜風味莎莎醬，便以鳳梨、柳丁、檸檬、紅椒，
取代了墨西哥莎莎醬常用的番茄與辣椒。

材料

- 南瓜300公克 • 百里香3公克 • 檸檬1個 • 薄荷葉10片

調味料

- 莎莎醬6大匙 • 鹽1小匙 • 白胡椒粉1小匙
- 初榨橄欖油4大匙

做法

1. 南瓜洗淨去子，帶皮切成三角形大塊；薄荷葉洗淨；百里香洗淨；檸檬洗淨，用刨絲器取皮絲，備用。
2. 烤箱用180度預熱10分鐘，南瓜塊拌入百里香、鹽、白胡椒粉、初榨橄欖油，放入烤箱，以180度烘烤15分鐘，烤至熟透，表面呈金黃色，即可取出盛盤。
3. 食用時，將烤南瓜塊淋上莎莎醬，以薄荷葉、檸檬皮絲做裝飾即可。

美味小提醒

- 如買不到新鮮百里香，也可以乾燥的百里香替代。
- 南瓜要選用臺灣金瓜，因為水分較多、香氣較濃，焙烤後的口感較佳，吃起來不乾硬。而且，臺灣金瓜甜度較低，適合搭配沾醬。如果想煮南瓜濃湯，則要改用日本品種的栗子南瓜，水分少，甜度較高。
- 莎莎醬的食材因容易出水，最好現做現吃，勿存放超過一天。

醬料BOX

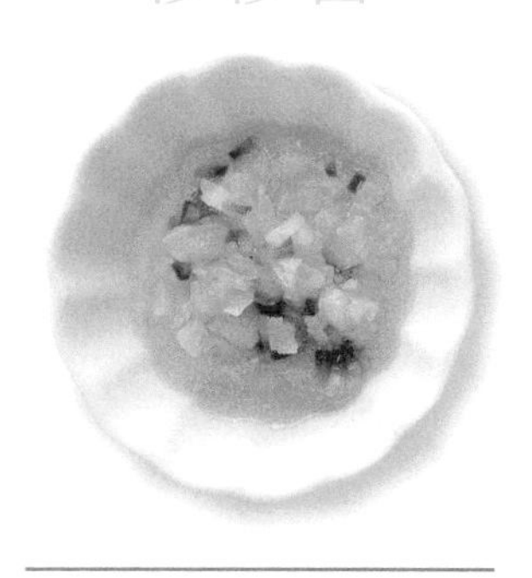

材料

鳳梨片40公克
柳丁30公克
紅椒30公克
檸檬汁1大匙
白醋1小匙
初榨橄欖油4大匙

做法

1. 鳳梨片切小丁；柳丁洗淨去皮，切小丁；紅椒洗淨去子，切小丁，備用。
2. 鳳梨丁、柳丁丁、紅椒丁加入檸檬汁、白醋、初榨橄欖油，輕輕攪拌均勻即可。

奇異果河粉捲

奇異果可分為綠色果肉與金黃色果肉兩種，
綠色果肉的酸味足夠，
可直接用做醬汁，金黃色果肉則酸味較淡，
用於調製醬汁，需要加入檸檬汁調整酸度。
奇異果醬適合現做現吃，新鮮美味。
河粉皮本身沒有味道，所以適合搭配醬汁，
酸香的奇異果醬，開胃又健康。

醬料BOX

奇異果醬

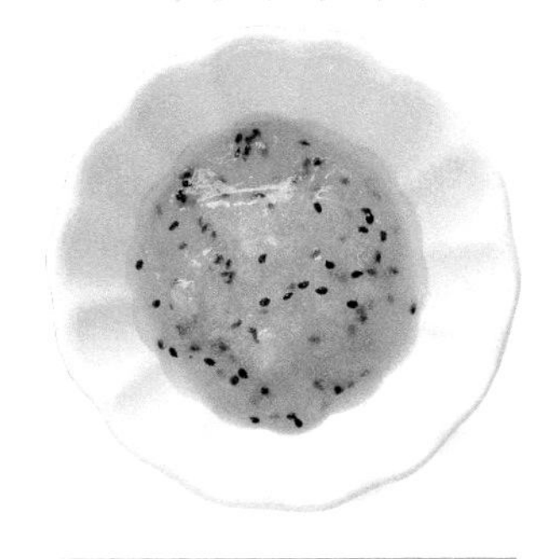

材料

奇異果2個
有機烏梅醬4大匙
果糖4大匙

做法

1. 奇異果洗淨去皮，備用。
2. 將奇異果放入果汁機，加入烏梅醬、果糖，攪打成泥即可。

材料

- 河粉皮1張 • 海苔1片 • 小黃瓜50公克 • 紅蘿蔔50公克
- 蘋果50公克 • 美生菜50公克 • 苜蓿芽30公克

調味料

- 奇異果醬6大匙 • 花生粉30公克

做法

1. 小黃瓜洗淨，切細絲；紅蘿蔔洗淨去皮，切細絲；蘋果洗淨去皮，切細絲；美生菜洗淨，切細絲；苜蓿芽洗淨，備用。
2. 攤開河粉皮，依序放上海苔、小黃瓜絲、紅蘿蔔絲、蘋果絲、美生菜絲、苜蓿芽，撒上花生粉，捲成圓筒狀，切3公分長段。
3. 取一個盤子，將河粉捲放入盤內，淋上奇異果醬，即可食用。

美味小提醒

- 河粉皮如因在冰箱冷藏變硬，可先蒸過，待軟化後再使用，捲時比較不容易破裂。
- 建議使用有機烏梅醬，是因不含色素和防腐劑，可以安心食用。將烏梅醬放入果汁機一同攪打的功能是，讓奇異果容易用果汁機攪打。

酸味醬料理 4

柳橙油醋甜菜根煎餅

用新鮮水果做醬汁，
不但會比加工過的罐裝濃縮果汁更加健康營養，而且有天然果香。
因此，在做料理時，最好盡量使用新鮮果汁為宜。
設計這道料理的用意，便是希望大家能品嘗到柳橙油醋醬的天然香氣，
不再依賴化學調味品的人工香味。
如果說香氣是一種芳香療法，酥脆的甜菜根加入香氣迷人的柳橙油醋醬，
讓人用餐能更舒服愉悅，放鬆忙碌一天的疲累。

材料

- 牛蒡100公克
- 芋頭100公克
- 甜菜根100公克
- 紅蘿蔔100公克
- 香菜10公克

麵糊

- 麵粉4大匙
- 水8大匙

調味料

- 柳橙油醋醬6大匙
- 鹽1小匙
- 白胡椒粉1小匙
- 花生油2大匙

做法

1. 牛蒡洗淨去皮，切絲；芋頭洗淨去皮，切絲；甜菜根洗淨去皮，切絲；紅蘿蔔洗淨去皮，切絲；香菜洗淨，切碎，備用。
2. 取一盆，放入牛蒡絲、芋頭絲、甜菜根絲、紅蘿蔔絲、香菜碎，以鹽、白胡椒粉調味，加入麵糊，攪拌均勻。
3. 取一平底不沾鍋，倒入花生油，放入甜菜根餅，油煎至熟透，兩面呈金黃色，即可起鍋。
4. 食用時，佐以柳橙油醋醬即可。

美味小提醒

- 牛蒡切絲的方法，建議可先切斜片，再切絲即可。
- 甜菜根含有豐富的鐵質，具有天然的深紅色湯汁。切完甜菜根後，可先用紙巾，稍微吸收水分，以保持成品的美觀。

醬料BOX

柳橙油醋醬

材料

柳丁2個（40公克）
純橄欖油4大匙
鹽1小匙
白胡椒粉1小匙
檸檬汁2大匙

做法

1.柳丁洗淨，1個榨汁，另1個去皮切丁，備用。
2.將全部材料攪拌均勻即可。

香檸汁淋黃金豆腐

香檸汁又稱西檸汁，是很實用的西式醬汁。
檸檬有黃檸檬與綠檸檬，香檸汁通常會使用黃檸檬，
因為香氣較濃厚，味道不過酸，可以涼拌，也可以熱炒，用途寬廣。
香檸汁也可以用於替代糖醋汁做糖醋料理，
酸酸甜甜的滋味，非常開味下飯。
豆腐本身沒有味道，容易吸收醬汁，
這道料理品嘗的便是香檸汁的酸香風味。

醬料BOX

香檸汁

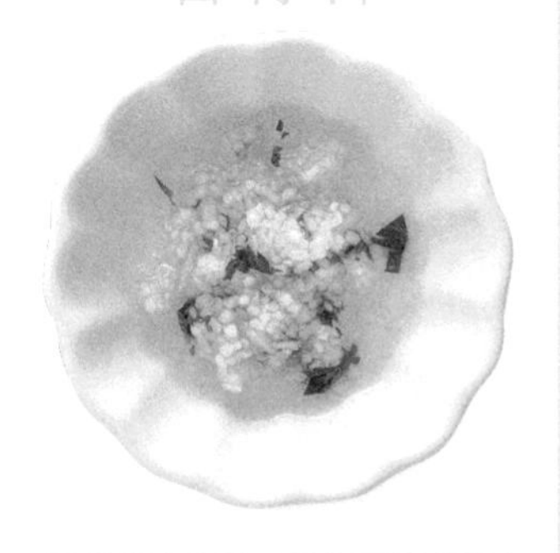

材料

黃檸檬2個
蘋果25公克
香菜5公克
糖1大匙
純橄欖油2大匙
白醋4大匙

做法

1. 黃檸檬洗淨，榨汁；蘋果洗淨去皮，切末；香菜洗淨，切末，備用。
2. 將黃檸檬汁加入蘋果末、香菜末，以糖、純橄欖油、白醋調味，攪拌均勻即可。

材料

- 板豆腐200公克
- 香菜5公克
- 麵粉30公克
- 海苔絲適量

調味料

- 香檸汁適量
- 花生油2大匙

做法

1. 板豆腐洗淨，切長條；香菜洗淨，取葉片，備用。
2. 取一鍋，倒入花生油，將板豆腐塊沾裹麵粉，放入鍋內，將表面煎至金黃色，即可起鍋。
3. 豆腐條每兩條用海苔絲綁起成一束。
4. 豆腐條以香菜葉做裝飾，淋上香檸汁，即可食用。

美味小提醒

- 板豆腐有老豆腐與嫩豆腐兩種類別，本道菜選用老豆腐較適合。
- 可在炸豆腐表面上戳洞，讓醬汁滲入豆腐，更加入味。
- 如不想油煎，也可改以油炸法，用180度的油溫，炸至表面呈金黃色即可。

REVOL

金桔醬芝麻菱角

桔醬是客家的傳統特色醬，這裡介紹的金桔醬與客家桔醬的做法不同，
是可以在家輕鬆快速調製的醬汁。
不易入味的食材，需要使用味道濃郁的重口味醬汁調味。
菱角原本是不易入味的食材，透過勾芡的技巧，
可以讓酸味強烈的金桔醬，包裹住菱角，產生迷人的天然酸香風味。

醬料BOX

金桔醬

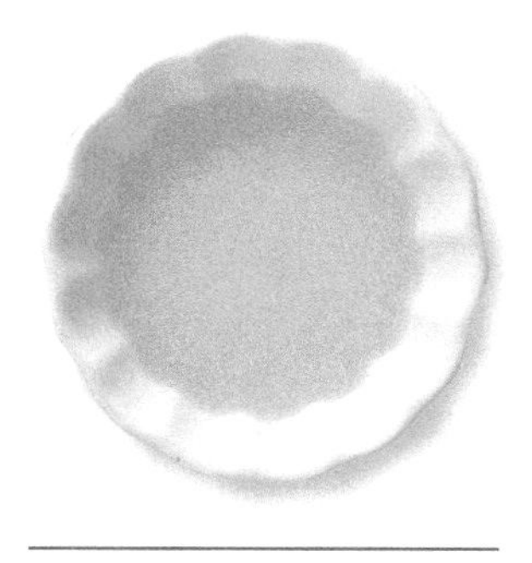

材料

新鮮金桔10個
糖4大匙

做法

1. 新鮮金桔洗淨，對剖，擠汁，備用。
2. 取一個碗，倒入金桔汁，以糖調味，加入300公克水，攪拌均勻即可。

材料

- 新鮮菱角（剝殼）200公克
- 新鮮金桔1個
- 黑芝麻1大匙

勾芡水

- 太白粉2公克
- 水4公克

調味料

- 金桔醬適量
- 香油1大匙

做法

1. 新鮮菱角以滾水煮10分鐘，煮至熟即可取出；新鮮金桔洗淨，切薄片，備用。
2. 取一鍋，倒入金桔醬煮滾，以小火煮至湯汁微乾，再以勾芡水勾薄芡，加入菱角，讓湯汁均勻裹附。
3. 淋上香油，撒上黑芝麻，即可起鍋盛盤。
4. 以金桔薄片做裝飾，即可食用。

美味小提醒

- 菱角預先煮至熟透，可縮短燒煮時間，讓成品更為美觀。
- 勾芡粉的種類很多，除了太白粉，也可以使用玉米粉或地瓜粉。

鳳梨條燒苦瓜

使用新鮮鳳梨做料理，酸味較足夠，
不會過於甜膩，容易有煮得過於軟爛的問題。
傳統中式料理常使用豆瓣醬醃製的鹹鳳梨燒苦瓜，
鹹鳳梨的味道偏鹹，
這裡使用新鮮鳳梨改做酸香風味的苦瓜料理，
讓大家品嘗新鮮酸味料理。

材料

- 綠苦瓜100公克 • 新鮮黑木耳30公克
- 紅蘿蔔50公克 • 薑10公克

勾芡水

- 太白粉2大匙 • 水4大匙

調味料

- 鳳梨條醬適量 • 花生油2大匙 • 白醋1大匙 • 香油1大匙

做法

1. 綠苦瓜洗淨，切2公分寬、8公分長粗條，以滾水燙熟；新鮮黑木耳洗淨，切菱形片，以滾水燙熟；紅蘿蔔洗淨去皮，切長條，以滾水燙熟；薑洗淨，切絲，備用。
2. 取一鍋，倒入花生油，爆香薑絲，加入綠苦瓜條、黑木耳片、紅蘿蔔條，再倒入鳳梨條醬，以小火煮至湯汁微乾，再以勾芡水勾薄芡。
3. 淋上白醋與香油，即可起鍋。

美味小提醒

- 炒菜時加入鳳梨芯一起燒煮，可增加口感。

醬料BOX

鳳梨條醬

材料

新鮮熟鳳梨300公克
糖2大匙
鹽1小匙
白胡椒粉1小匙
醬油1大匙

做法

1. 鳳梨洗淨，切粗條，以滾水燙熟，備用。
2. 取一鍋，倒入300公克水，加入全部材料，開大火煮滾，即可熄火。

葡萄柚醬炒白筍三絲

葡萄柚的種類很多，白色果肉較適合做涼拌，
紅色果肉則可用於熱炒烹調。
因為葡萄柚熱炒時會帶有苦味，所以有時需要以檸檬汁或醋加強酸味。
葡萄柚醬炒白筍三絲是一道容易料理的熱炒菜，
可以輕鬆與全家人分享天然果香料理。

醬料BOX

葡萄柚醬

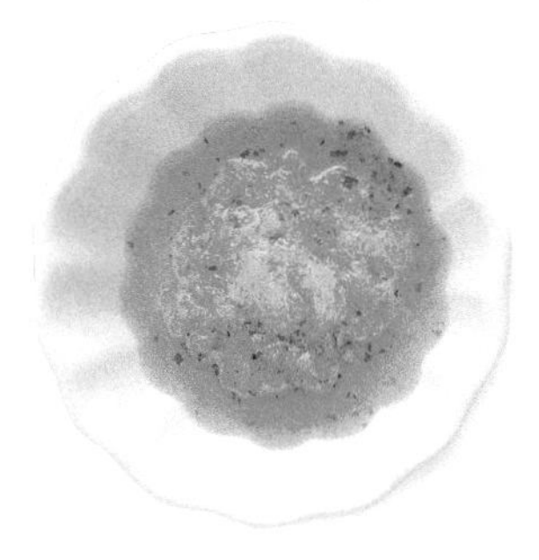

材料

葡萄柚1個（300公克）
香菜5公克
糖2大匙
白胡椒粉1小匙
鹽1小匙
香油1大匙

做法

1. 葡萄柚洗淨，取出果肉；香菜洗淨，切末，備用。
2. 所有材料加入2大匙水，攪拌均勻即可。

材料

- 茭白筍100公克 - 絲瓜100公克 - 紅蘿蔔50公克 - 豆芽菜50公克

調味料

- 葡萄柚醬適量 - 花生油2大匙 - 鹽1小匙 - 白胡椒粉1小匙

做法

1. 茭白筍洗淨去殼，切絲，以滾水燙熟；絲瓜洗淨去皮，切絲，以滾水燙熟；紅蘿蔔洗淨去皮，切絲，以滾水燙熟；豆芽菜洗淨去頭尾，以滾水燙熟，備用。
2. 取一鍋倒入花生油，加入葡萄柚醬，以小火煮滾，加入茭白筍絲、絲瓜絲、紅蘿蔔絲、豆芽菜，拌炒均勻，以鹽、白胡椒粉調味，即可起鍋。

美味小提醒

- 切菜絲時，所有菜的刀工粗細要一致，成品較為美觀。

龍眼醋熬酸白菜

水果醋的酸度不高，通常適用於做涼拌菜或稀釋飲用，
龍眼醋的特色在於酸度高，所以適用於做酸味料理。
白菜本身容易入酸味，用龍眼醋做酸白菜料理，
不但可快速縮短醃製白菜的時間，而且可品嘗帶有天然果香的醋香，
不必擔心酸白菜會含有化學添加物。
娃娃菜是小型的大白菜，用娃娃菜做酸白菜，
可以讓料理看起來更小巧可口，這是一道讓人吃了還想再吃的美味料理，
天然的酸香讓人百吃不厭。

醬料BOX

龍眼醋醬

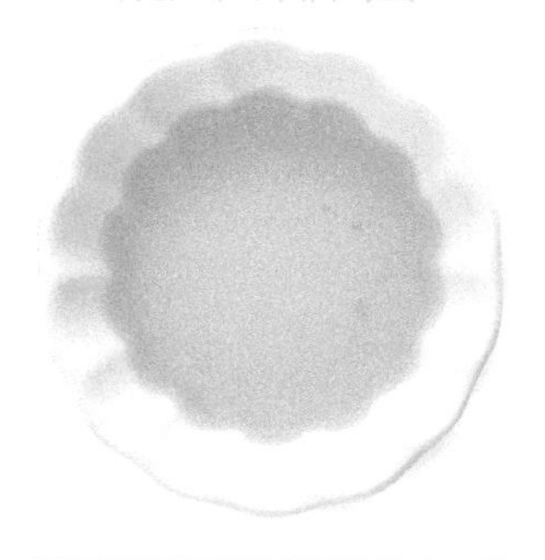

材料

龍眼醋100公克
鹽1小匙
糖1大匙

做法

1.取一鍋，倒入500公克水，加入龍眼醋煮滾，以鹽、糖調味，即可起鍋。

材料

- 娃娃菜10支
- 新鮮香菇6朵
- 紅蘿蔔球8個（40公克）

調味料

- 龍眼醋醬適量
- 香油少許

做法

1. 娃娃菜洗淨；新鮮香菇洗淨，對剖；紅蘿蔔球洗淨，備用。
2. 取一鍋，倒入龍眼醋醬煮滾，加入娃娃菜、香菇塊、紅蘿蔔球，以小火悶煮至娃娃菜熟爛，淋上香油，即可起鍋。

美味小提醒

- 可在娃娃菜的根部，劃上十字刀痕，烹煮時較易入味。
- 如果沒有龍眼醋，可用白醋代替。

洛神烏梅醬燒馬鈴薯

這幾年流行洛神花果汁、果醬，但是比較少人將洛神花用於家常料理。
將洛神花製成醬汁後，可以方便使用於料理，
但有一烹調要領需留意，即洛神花一定要一起入鍋烹煮，
才能煮出足夠的風味。
紅皮小馬鈴薯與酸酸甜甜的洛神烏梅醬非常搭配，
鮮豔的天然紅色醬汁，更帶給人視覺的驚豔。

材料

- 小馬鈴薯（紅皮）5個
- 蘑菇5個
- 玉米筍3支
- 青花椰菜5公克

調味料

- 洛神烏梅醬適量

做法

1. 小馬鈴薯洗淨，切塊；蘑菇洗淨，切塊；玉米筍洗淨，對剖；青花椰菜洗淨，剝小朵，以滾水汆燙，備用。
2. 烤箱用180度預熱10分鐘，放入小馬鈴薯塊，以180度烘烤8分鐘，即可取出。
3. 烤小馬鈴薯塊加入蘑菇塊、玉米筍塊，再放入烤箱，烘烤3分鐘，即可取出。
4. 取一鍋，倒入洛神烏梅醬，以小火煮滾，加入烤小馬鈴薯塊、烤蘑菇塊、烤玉米筍塊、青花椰菜，一起拌炒均勻，即可起鍋。

美味小提醒

- 紅皮小馬鈴薯不需去皮，帶皮吃更加營養。
- 紅皮小馬鈴薯切開後，需要浸泡冷水，除去表面的澱粉質，以免變色，影響美觀。

醬料BOX

洛神烏梅醬

材料

乾洛神花10公克
有機烏梅醬4大匙
糖1大匙

做法

1. 取一鍋，倒入300公克水煮滾，加入洛神花，以小火煮3分鐘，撈除洛神花，將湯汁放涼。
2. 湯汁加入烏梅醬、糖，攪拌均勻即可。

Chapter 2

sweet sauce

Sauce It Up!

甜味醬料理

酪梨加州捲

加州捲傳說源自美國加州的一家壽司餐廳，
因為有的美國人不習慣食用生魚片，一名壽司師傅便以酪梨做為替代食材，
而後改良為將紫菜包捲在壽司中間，做成反捲，以免咀嚼紫菜時的不便。
最後這款加州捲不但風行美國，而且傳至日本後，也深受歡迎。
酪梨醬常用於日本料理，臺灣則較少用於入菜。
酪梨醬帶有果香，嫩綠的醬汁不但顏色美麗，
而且帶有美乃滋的滑潤感，非常適合新鮮食用。

醬料BOX

酪梨醬

材料

酪梨1/2個（150公克）
果糖5公克
鹽1/2小匙
黑芝麻少許
白胡椒粉1/2小匙

做法

1. 酪梨洗淨，取出果肉，備用。
2. 將全部材料用果汁機攪打均勻即可。

材料

● 白飯1碗（300公克）● 酪梨1/2個（150公克）
● 蘆筍（中型）1支 ● 紅蘿蔔50公克 ● 壽司海苔（20×20公分）1張
● 壽司捲簾1張 ● 保鮮膜1張

壽司飯調味料

● 米醋100公克 ● 糖4大匙 ● 鹽1/2小匙

調味料

● 酪梨醬適量

做法

1. 酪梨洗淨，削皮去子；蘆筍洗淨，切10公分長條，以少許鹽汆燙30秒，即可取出浸泡冷水，放涼；紅蘿蔔洗淨，切10公分長條，以少許鹽汆燙30秒，即可取出浸泡冷水，放涼，備用。
2. 取一鍋，開小火，加入米醋、糖、鹽，攪拌均勻，煮滾，即可將醋汁淋在白飯上，輕輕攪拌均勻，放涼即是壽司飯。
3. 攤開壽司捲簾，鋪上保鮮膜，放上壽司海苔，平均鋪上150公克的壽司飯，從壽司海苔底部快速180度翻轉壽司飯，將白飯面朝下、海苔面朝上，依序放上2支蘆筍條、2支紅蘿蔔條，抹上3大匙酪梨醬，捲起即可。
4. 酪梨果肉切0.2公分厚半圓形長片，平均鋪放在已捲好的壽司飯上，用壽司捲簾壓緊固定，切5公分長，即可佐以酪梨醬食用。

美味小提醒

● 酪梨如購買到尚未成熟的，可存放在家裡的米桶內或密封的木盒中，可加快熟成速度。
● 酪梨加州捲可沾食酪梨醬，或是醬油，都非常美味。

糖醋油條鑲菇盒

番茄醬與烏醋是很實用的糖醋醬配方。
由於油條非常容易吸收醬汁味道，所以不必調味過重。
因為醋的味道容易揮發，所以糖醋醬要先加糖，最後再加入烏醋。
其實糖醋醬的做法很多種，不一定都要使用番茄醬與烏醋的傳統配方，
也可改用冬瓜糖或鳳梨糖加熱熬煮，
再加入新鮮小番茄或牛番茄，就是新風味的糖醋醬。

材料
- 油條1條 • 馬鈴薯200公克 • 新鮮香菇20公克
- 蘑菇40公克 • 玉米粒4大匙 • 香菜1公克

勾芡水
- 太白粉1小匙 • 水1小匙

調味料
- 糖醋醬適量 • 太白粉1大匙

做法
1. 新鮮香菇洗淨，切小丁，以滾水燙熟；蘑菇洗淨，切小丁，以滾水燙熟；馬鈴薯洗淨，不必去皮，放入蒸鍋，以大火蒸20分鐘，即可取出；香菜洗淨，備用。
2. 將馬鈴薯搗成泥狀，加入香菇丁、蘑菇丁、玉米粒，攪拌均勻，即是餡料。
3. 油條切6公分長段，用小湯匙把油條中間戳洞挖空，填入餡料，將填餡處兩邊沾上太白粉。
4. 熱油鍋，將油燒熱至180度，放入油條鑲菇盒，開中火，炸30秒，至呈金黃色，即可撈起排盤。
5. 取一鍋，開小火，倒入糖醋醬，以勾芡水勾薄芡，將煮好的糖醋醬淋在油條鑲菇盒上，撒上香菜，即可食用。

美味小提醒
- 油條要買當日現炸的，因為油條的硬度要夠，才易挖空填餡。若油條已因冰箱冷藏變軟，需要再稍微烤硬或再次油炸，會較容易使用。
- 挖空油條的方法，也可以用筷子代替小湯匙戳洞。
- 蒸馬鈴薯時，欲知蒸熟否，可用筷子試戳，如可輕鬆穿過，即表示已蒸熟。
- 馬鈴薯泥的做法很多種，也可以用湯匙先壓泥，再裝入塑膠袋內重新壓泥，以讓口感更綿細。如果怕燙，壓泥時可以墊上毛巾隔熱。

醬料BOX
糖醋醬

材料
番茄醬4大匙
糖2大匙
白醋1大匙
烏醋1小匙
醬油1小匙

做法
1.將全部材料，加入100公克水，攪拌均勻即可。

茴香柳橙燒香菇條

茴香與柳橙的風味十分搭配，
茴香柳橙醬不論用於涼拌或是熱炒，滋味都很美妙。
香菇不但容易吸油，也容易吸收醬汁美味，
所以能展現茴香柳橙醬的迷人味道。
茴香柳橙醬也可以直接當成一道開胃小菜，
甜脆的茴香頭，吃起來非常爽口。

材料

● 新鮮香菇3朵 ● 地瓜粉10公克 ● 白芝麻5公克
● 綠捲生菜5公克

調味料

● 茴香柳橙醬適量 ● 花生油2大匙

做法

1 新鮮香菇洗淨，以滾水煮3分鐘，關火，在鍋內熱水浸泡10分鐘，取出，用剪刀沿著香菇圓邊，剪為長條狀；綠捲生菜洗淨，備用。
2 將香菇條沾上地瓜粉。
3 取一平底不沾鍋，倒入花生油，放入香菇條，煎至兩面呈金黃色微焦，即可起鍋排盤。
4 淋上茴香柳橙醬，撒上白芝麻，以綠捲生菜做裝飾即可。

美味小提醒

● 茴香頭使用大茴香頭或小茴香頭皆可。
● 除了油煎，也可以直接將整朵香菇以180度高溫油炸，或是加入適量橄欖油與香料，在爐火上用烤盤烘烤。

醬料BOX

茴香柳橙醬

材料

新鮮茴香頭1個（300公克）
柳橙汁200公克
糖2大匙
鹽1小匙
初榨橄欖油4大匙

做法

1. 茴香頭洗淨，切細絲，備用。
2. 茴香頭絲加入柳橙汁，以糖、鹽調味，淋上初榨橄欖油，攪拌均勻即可。

甜味醬料理 4

月亮馬蹄餅佐桂花醬

桂花醬有甜桂花醬與鹹桂花醬兩種，
一般料理使用的是後者，不但香氣較佳，口味也不會過於甜膩。
甜桂花醬做佐醬，通常都是直接沾食，
鹹桂花醬則可適用於加熱烹煮的多種料理調醬，用途較廣。
本道料理因使用了鹹桂花醬，香氣更顯高雅。

醬料BOX

桂花醬

材料

桂花醬2大匙
有機烏梅醬1大匙
果糖4大匙
白醋1大匙

做法

1. 將全部材料，加入30公克水，攪拌均匀即可。

材料

- 潤餅皮2張 ● 荸薺50公克
- 馬鈴薯100公克 ● 芋頭100公克 ● 山藥100公克
- 芹菜50公克 ● 地瓜粉1大匙 ● 太白粉1大匙

調味料

- 桂花醬4大匙 ● 鹽1小匙
- 白胡椒粉1小匙 ● 花生油3大匙

做法

1. 荸薺洗淨去皮，切0.5公分丁;馬鈴薯洗淨去皮，切0.5公分片;芋頭洗淨去皮，切0.5公分片；山藥洗淨去皮，切0.5公分片；芹菜洗淨，切0.5公分丁，備用。
2. 將馬鈴薯片、芋頭片、山藥片放入蒸鍋，蒸15分鐘後取出。取一個碗，將蒸熟的馬鈴薯片、芋頭片、山藥片搗成泥狀，以鹽、白胡椒粉調味，加入地瓜粉、荸薺丁、芹菜丁，一起攪拌均匀成餡料。
3. 攤開1張潤餅皮，先撒上太白粉，均匀鋪上餡料，用量約200公克，再疊放上另一張潤餅皮，用刀面輕輕拍打餡料，讓餡料厚度均匀，最後用刀尖在餅皮上戳幾個小孔即可。
4. 取一平底不沾鍋，倒入花生油，以油煎方式煎至兩面呈金黃色，即可起鍋。
5. 將月亮馬蹄餅，切成三角型，附上桂花醬即可。

美味小提醒

- 荸薺因形狀像馬蹄，所以又稱馬蹄。荸薺味甜多汁，口感清脆如水梨，以荸薺粉所做的馬蹄糕是深受歡迎的傳統點心。
- 潤餅皮包餡時，以刀面輕輕拍打餡料的方式，是為了拍除空氣，增加密合度。
- 將潤餅皮戳小孔的用意，除為讓熱氣能快速進入餅皮內部，也讓內部的熱氣能散發出來，以免膨脹影響外觀。

甜味醬料理 5

南洋沙嗲炙燒串

沙嗲本是印尼的招牌串燒名菜，
後風行馬來西亞、泰國、菲律賓、荷蘭……，發展出多種不同風味。
沙嗲醬原本是辛辣口味，使用很多孜然一類的辛香料，
為了讓大家吃得到食材的原味，所以改做甜味沙嗲醬。
花生粉是沙嗲醬的最重要成分，雖然可買現成的花生粉，
但如果能買油花生，用果汁機或研磨機打成粉末狀，香氣更佳。

醬料BOX

南洋沙嗲醬

材料

薑60公克
花生油2大匙
香油2大匙
醬油100公克
糖2大匙
花生粉50公克

做法

1. 薑洗淨去皮，切末，備用。
2. 熱鍋加入花生油、香油，炒香薑末，加入醬油、糖、花生粉，攪拌均勻，即可起鍋。

材料

- 小馬鈴薯（紅皮）2個（40公克）
- 新鮮香菇2朵（30公克）● 鳳梨200公克 ● 小番茄4個（40公克）
- 青椒200公克 ● 竹串4支

調味料

- 南洋沙嗲醬適量

做法

1. 小馬鈴薯洗淨，帶皮切為四等份，以滾水煮5分鐘，煮至熟；新鮮香菇洗淨，連梗對剖；鳳梨洗淨去皮，切3公分正方形塊；青椒洗淨去子，切3公分正方形片；小番茄洗淨，對剖，備用。
2. 烤箱用180度預熱10分鐘，用竹串依序串起小馬鈴薯塊、鳳梨塊、小番茄塊、青椒片、香菇塊，塗上南洋沙嗲醬，依此完成4串，放入烤箱，以180度烘烤3分鐘。取出後，塗上南洋沙爹醬，再烘烤1分鐘，即可取出盛盤。

美味小提醒

- 花生粉因容易吸水，常會炒至黏鍋、焦鍋，所以在拌炒南洋沙嗲醬時，要開小火，慢慢加入花生粉。如無把握，也可以先熄火，用餘溫拌炒即可。

陳皮肉桂蜜地瓜佐薄荷醬

蜜地瓜所用的糖，宜使用二號砂糖或是冰糖，
不但色澤金黃，而且甜度適中，甜分較易為地瓜吸收。
果糖因不能久煮而不適用，白糖甜度較膩口，也不宜選用。
使用陳皮肉桂醬做淋醬的原因是，陳皮帶鹹味，
肉桂帶香味，口感變化較豐富。
蜜地瓜搭配薄荷醬，則可以增加清涼感，風味清爽。

材料

● 紅地瓜200公克 ● 陳皮10公克 ● 新鮮薄荷5公克

調味料

● 薄荷醬適量 ● 肉桂粉1/2小匙 ● 二號砂糖4大匙

做法

1 紅地瓜洗淨去皮，切5立方公分的方塊狀，蒸熟；新鮮薄荷洗淨，備用。
2 取一鍋，倒入500公克水、陳皮、肉桂粉、砂糖，再加入紅地瓜塊，開大火煮滾後轉中火，煮至紅地瓜塊熟透，湯汁微乾，即可起鍋。
3 取一個盤子，放上紅地瓜塊，以薄荷做裝飾，附上薄荷醬即可。

美味小提醒

● 地瓜要選用紅地瓜，甜度較夠，口感也較佳。
● 蜜地瓜要用大火烹煮，讓地瓜表面盡快收乾，以免煮得太過軟爛。
● 蜜完地瓜的鍋子如不易清洗，可以在鍋內加入熱水，煮至黏鍋的糖軟化，即可輕鬆洗鍋。

醬料BOX

薄荷醬

材料

新鮮薄荷5公克
奇異果1個
果糖4大匙

做法

1. 奇異果洗淨去皮；新鮮薄荷洗淨，備用。
2. 將奇異果、薄荷、果糖放入果汁機，一起攪打成泥即可。

甜味醬料理 7

南瓜醬烤白玉娃娃菜

南瓜醬做法簡單，可吃出天然食材的美味。
本道焗烤料理適合選用臺灣南瓜，顏色金黃討喜，水分較多不會過甜。
如果南瓜甜度過甜，反而需要加水稀釋，以免過於膩口。
南瓜醬有一製作要領，南瓜要先蒸熟再用湯匙壓泥，
不要為圖方便而用果汁機攪打成泥，如此才能吃出原味的綿細口感。

醬料BOX

南瓜醬

材料

南瓜500公克
核桃50公克
南瓜子20公克
初榨橄欖油4大匙
糖2大匙

做法

1. 南瓜洗淨，去皮、去子，切3公分塊，放入蒸鍋，以大火蒸10分鐘，蒸至軟爛即可取出，用湯匙壓泥，備用。
2. 烤箱用120度預熱10分鐘，將核桃放入烤箱，以120度烘烤12分鐘，烤至呈金黃色，即可取出，用刀拍碎。
3. 南瓜泥加入核桃碎、南瓜子、初榨橄欖油，倒入200公克水，以糖調味，攪拌均勻即可。

材料

● 娃娃菜8顆（240公克）● 熟白果10個 ● 青花椰菜80公克
● 核桃15公克 ● 松子15公克

調味料

● 南瓜醬適量 ● 鹽1小匙

做法

1. 娃娃菜洗淨；青花椰菜洗淨，剝8朵小朵，備用。
2. 取一鍋，倒入1/2鍋水，放入娃娃菜、青花椰菜、熟白果，加入鹽，以滾水煮2分鐘，將菜燙熟，即可撈起。
3. 取一個烤盤，排入娃娃菜、青花椰菜、白果，淋上南瓜醬，撒上核桃、松子，放入預熱10分鐘的180度烤箱，以180度烘烤8分鐘，烤至表面呈金黃色即可。

美味小提醒

● 白果即是銀杏，營養成分高，可以入藥。

甜味醬料理 8

蔬菜甜筒佐草莓醬

蔬菜甜筒是非常新潮的法式料理，通常做為前菜食用。
如希望香氣更濃郁，可以在草莓醬裡，添加一點切碎的草莓果粒。
臺灣生產的草莓味道較甜，較適用於本道料理，
如使用味道較酸的進口草莓，需要增加果糖用量調味。
若能接受新式料理的新口味，
也可以用草莓醬代替糖醋汁，試做糖醋料理。

材料

● 四方春捲皮6張 ● 草莓3個（30公克）● 小黃瓜30公克
● 沙拉筍30公克 ● 黃椒30公克 ● 杏鮑菇30公克 ● 苜宿芽30公克
● 鋁箔紙（10×5公分）6張 ● 新鮮薄荷5公克

麵糊

● 麵粉1大匙 ● 水2大匙

調味料

● 草莓醬適量

做法

1 四方春捲皮對切為三角形；小黃瓜洗淨，先切5公分段，再切0.2公分細絲；沙拉筍先切5公分段，再切0.2公分細絲；黃椒洗淨去子，先切5公分段，再切0.2公分細絲；草莓洗淨去蒂頭，對剖；杏鮑菇洗淨，以滾水煮熟，切絲；苜宿芽洗淨；新鮮薄荷洗淨，備用。
2 將鋁箔紙對折為5公分長的正方形，將四方春捲皮用鋁箔紙當模型，向內捲成10公分長、3公分寬的甜筒狀，定型後，接合處用麵糊塗抹。
3 將甜筒放入油鍋，用160度的油溫，炸至定型，即可起鍋，除去定型用的鋁箔紙。
4 將餡料分做6等份，甜筒依序平均放入小黃瓜絲、沙拉筍絲、黃椒絲、草莓塊、杏鮑菇絲等餡料，淋上1小匙的草莓醬，依此方式完成6支甜筒。
5 取6個小容器，以苜宿芽鋪底，放上草莓甜筒，以薄荷做裝飾即可。

美味小提醒

● 四方春捲皮的尺寸，選用長、寬約6公分的即可，也可以用餛飩皮替代。
● 甜筒的定型方式，不一定要採用油炸，也可以改用烤箱以焙烤方式做定型。
● 鋁箔紙的模型形狀愈漂亮，炸出來的成品愈美觀。

醬料BOX

草莓醬

材料

草莓120公克
果糖1大匙

做法

1. 草莓洗淨去蒂頭，放入果汁機，以果糖調味，攪打成泥即可。

豆皮蓮藕佐黑芝麻醬

豆皮壽司是常見的料理，此次使用黑芝麻、蓮藕、花生粉做內餡，
這三者的風味不但非常和諧，而且黑芝麻與花生粉的香氣極有層次變化，
會愈吃愈香濃，再加上蓮藕清脆的口感，讓人百吃不膩。
黑芝麻醬常用於做甜點內餡，或是沖泡為芝麻糊，
其實也可以結合不同食材，開創新滋味。

材料

● 四角壽司皮6個 ● 蓮藕30公克 ● 美生菜20公克 ● 海苔1片

調味料

● 黑芝麻醬適量 ● 花生粉50公克 ● 果糖4大匙 ● 鹽1大匙

做法

1 蓮藕洗淨去皮，先切6片預留做裝飾用，其他用刨刀刨0.1公分薄片，一起以滾水汆燙30秒，撈起浸泡冷水至涼，瀝乾水分；美生菜洗淨，切0.1公分細絲，浸泡冷水；海苔切10公分長、1公分寬，備用。
2 蓮藕片以花生粉、果糖、鹽調味，攪拌均勻。
3 將壽司皮塞入蓮藕薄片、美生菜絲，再用海苔絲綁起。
4 取一個盤子，先以6片蓮藕片鋪底，放上壽司，再淋上黑芝麻醬即可。

美味小提醒

● 壽司皮有三角形和四角形兩種，本道料理建議選用四角形，外型較佳。

醬料BOX

黑芝麻醬

材料

黑芝麻50公克
果糖2大匙
鹽1小匙
白醋1大匙

做法

1. 將全部材料，加入200公克冷開水，用果汁機攪打成泥即可。

甜味醬料理 10

野菜馬卡龍佐哈密瓜醬

馬卡龍本是風行全球的法式甜點，宛如精緻甜點的代名詞。
野菜馬卡龍的靈感，來自在傳統市場採買時，
發現蘑菇的外型和馬卡龍非常相似，心想可以做出一道有趣的創意料理，
後來還得到料理金牌獎的肯定。
希望不做過多調味，只以玫瑰鹽帶出蔬食本身的甘美度，
並佐以清甜的哈密瓜醬，讓大家吃出每一種食材的原味。
哈密瓜醬的優點是不會變色，風味清爽、香氣怡人，
不會影響品嘗食材本身的原味。

醬料BOX

哈密瓜醬

材料

哈密瓜200公克
薄荷葉10片
鹽1小匙
果糖1小匙

做法

1. 哈密瓜洗淨，對剖去子，取出果肉；薄荷葉洗淨，備用。
2. 哈密瓜果肉放入果汁機，加入薄荷葉，以鹽、果糖調味，攪打均勻即可。

材料

- 蘑菇12個（120公克）
- 黑芝麻1小匙
- 地瓜100公克
- 芋頭100公克
- 紅蘿蔔100公克
- 薄荷葉3公克

調味料

- 哈密瓜醬適量
- 玫瑰鹽適量

做法

1. 蘑菇洗淨，切除蒂頭；地瓜洗淨去皮；芋頭洗淨去皮；紅蘿蔔洗淨去皮；薄荷葉洗淨，備用。
2. 地瓜、芋頭、紅蘿蔔分別用刨刀刨0.2公分的薄片，用圓形壓花器壓成一個個圓片後，以滾水汆燙10秒，即可取出放涼。
3. 取一個烤盤，將蔬菜圓片堆疊成馬卡龍型狀，先以1個蘑菇倒放鋪底，再依序放上1片地瓜圓片、1片芋頭圓片、1片紅蘿蔔圓片，最後再放上蘑菇，以黑芝麻做裝飾，依此方式完成6個馬卡龍即可。
4. 烤箱用180度預熱10分鐘，將排好的馬卡龍放入烤箱，以180度烘烤3分鐘，即可取出。
5. 食用時，以玫瑰鹽、薄荷葉做點綴，佐以哈密瓜醬即可。

美味小提醒

- 蘑菇盡量挑選尺寸大小均等的，製作起來外型較美觀。
- 如果家中無圓形壓花器，也可以改用小刀直接做修飾即可。
- 由於每個哈密瓜的甜度不同，在製作哈密瓜醬時，要視哈密瓜的甜度，調整果糖用量。

Chapter 3

salty sauce

鹹味醬料理

Sauce It Up!

鹹味醬料理 1

照燒醬烤杏鮑菇

照燒醬的風味鹹中帶甜，是深受人們喜愛的日式燒烤醬。
通常使用柴魚、雞骨做醬汁基底，
現改用昆布為基底，再加入醬油、麥芽糖。
使用麥芽糖可以增加醬汁濃稠度，讓燒烤物增加光澤感，
看起來更可口。如無麥芽糖，也可以改用無酒精味醂、冰糖。

材料

- 杏鮑菇（小支）4支
- 綠捲生菜5公克
- 白芝麻少許

調味料

- 照燒醬200公克
- 花生油1小匙

做法

1 杏鮑菇洗淨，對剖切片，於切面處劃上菱形刀紋；綠捲生菜洗淨，備用。
2 取一平底不沾鍋，倒入花生油，開小火，略煎至表面呈金黃色即可。
3 烤箱用180度預熱10分鐘，將杏鮑菇塗上照燒醬，放入烤箱，以180度烘烤4分鐘。取出後，塗上照燒醬，再烘烤3分鐘，即可取出盛盤。
4 食用時，撒上白芝麻，以綠捲生菜做裝飾即可。

美味小提醒

- 在杏鮑菇的切面處劃上菱形刀紋的目的，是為讓醬汁滲透至裡層，更加入味。

醬料BOX
照燒醬

材料
昆布10公分
醬油200公克
糖2大匙
麥芽糖少許

做法
1. 昆布表面稍擦拭，備用。
2. 取一鍋，倒入100公克水，加入全部材料，開大火煮滾後，轉小火繼續煮3分鐘，即可熄火，放涼。

青醬拌包心白菜扣三絲

紅醬、白醬與青醬，是義大利有名的三種基本醬汁，
其中的青醬也是萬用好醬。
青醬不但可用於義大利麵與燉飯，也可應用於燒烤與熱炒。
這裡使用九層塔，而未使用羅勒，
是希望讓青醬的香氣與風味更強烈濃郁。松子也可以改用花生。

材料

- 包心白菜300公克 · 新鮮黑木耳50公克
- 黃椒50公克 · 紅蘿蔔50公克 · 九層塔3公克

調味料

- 青醬適量

做法

1. 包心白菜洗淨，剝片；新鮮黑木耳洗淨；黃椒洗淨；紅蘿蔔洗淨去皮；九層塔洗淨，備用。
2. 包心白菜、黑木耳、黃椒、紅蘿蔔皆切長10公分、寬0.5公分長條，再分別以滾水汆燙放涼，瀝乾水分。
3. 取一個飯碗，將黑木耳絲、黃椒絲、紅蘿蔔絲依序排入碗中，最後再放入白菜絲，壓緊即可。
4. 將飯碗移入蒸鍋，開大火，蒸5分鐘，蒸至熟透，即可取出，將菜倒扣在盤子中。
5. 淋上青醬，攪拌均勻，以九層塔做裝飾，即可食用。

醬料BOX

青醬

材料

松子20公克
九層塔10公克
純橄欖油2大匙
鹽1小匙
白胡椒粉1公克

做法

1. 烤箱用120度預熱10分鐘，將松子放入烤箱，以120度烘烤10分鐘，烤至呈現金黃色即可；九層塔洗淨，去梗留葉，備用。
2. 將全部材料用果汁機攪打均勻即可。

美味小提醒

- 如要將青醬存放於冰箱，油要蓋過醬料，才容易保存。
- 蒸熟的白菜三絲在倒扣時，要先瀝乾水分，再扣入盤子中，攪拌淋醬時，才不會稀釋青醬的味道。

XO醬燒芋頭條

素食XO醬的配方有很多種，喜味道濃郁的，
通常會用黑豆瓣醬做基底；
喜味道清淡的，通常會用杏鮑菇拌炒花生油或苦茶油做基底。
為方便保存，XO醬的鹹味做得比較厚重些，結合兩者的風味，
既取黑豆瓣醬的鹹味，也取杏鮑菇的甜味與拌炒後的油香。
XO醬用做熱炒醬或燒煮醬，都很美味，
可以一次多做一些，冷藏於冰箱。

醬料BOX

XO醬

材料
杏鮑菇300公克
紅蘿蔔50公克
花生油200公克
香油100公克
辣油50公克
黑豆瓣醬100公克
辣椒醬30公克
醬油100公克
冰糖20公克

做法
1. 杏鮑菇洗淨，切細絲；紅蘿蔔洗淨去皮，切塊，加入20公克水，用果汁機打成泥，擠出多餘水分，備用。
2. 熱油鍋，將油燒熱至180度，放入杏鮑菇絲，炸至金黃色，即可撈起。
3. 把鍋燒熱，倒入花生油、香油、辣油，開小火，炒香紅蘿蔔泥，加入黑豆瓣醬、辣椒醬拌炒。
4. 加入醬油、冰糖拌炒，炒至冰糖溶化即可起鍋，放涼。
5. 將炸杏鮑菇絲加入炒好的醬料，攪拌均勻即可。

材料
- 芋頭（去皮）200公克 • 乾香菇2朵 • 甜豆莢20公克
- 紅椒10公克 • 黃椒10公克 • 薑5公克

調味料
- XO醬3大匙 • 花生油1小匙 • 醬油1大匙 • 糖1小匙

做法
1. 芋頭洗淨，切長條；乾香菇泡軟，切大丁；紅椒、黃椒洗淨去子，切大丁，以滾水汆燙；甜豆莢去頭尾與粗絲，以滾水汆燙；薑洗淨，切末，備用。
2. 熱油鍋，將油燒熱至160度，放入芋頭條，開中火，炸至金黃色，即可撈起。
3. 把鍋燒熱，倒入花生油，爆香薑末、香菇丁，加入XO醬、醬油、糖，再加入300公克水，煮滾後，轉小火，放入炸芋頭條，繼續煮3分鐘，至湯汁稍微收乾，即可以筷子插入炸芋頭條，測試是否熟透。
4. 最後加入甜豆莢、紅椒丁、黃椒丁，拌炒均勻，即可起鍋。

美味小提醒
- 製作XO醬的杏鮑菇需炸至金黃色，調製時才會較為美觀，而且香氣飽足。
- 芋頭的澱粉質含量多，容易黏鍋，建議可使用不沾鍋材質的鍋具。如不想使用油炸方式，可在平底不沾鍋內加入適量沙拉油，將芋頭表面煎至金黃色即可。芋頭在調理前，要先油炸或油煎的原因是，讓芋頭在燒煮時，比較不易糊化，能保持原本形狀。燒芋頭時，要盡量留意保持芋頭外型不糊化。

鹹味醬料理 4

黑胡椒醬 烤猴菇番茄盅

臺灣人非常喜愛使用黑胡椒，黑胡椒醬所做的料理也特別受歡迎。
使用現磨的粗粒黑胡椒，
會比使用市售已磨粉的黑胡椒粉的香氣香、辣味重。
但黑胡椒的味道如果過重，會覆蓋食材的原味，
所以這裡取其香味，做為鹹香醬汁，而不強調它的辣味。
本道料理希望能出吃猴頭菇與番茄的天然鮮美，而以黑胡椒醬做提味。

材料

- 新鮮猴頭菇300公克 ● 牛番茄3粒 ● 蘆筍30公克

滷汁

- 醬油100公克 ● 冰糖1大匙 ● 綜合滷包1包

調味料

- 黑胡椒醬1大匙

做法

1. 新鮮猴頭菇用滾水煮熟，轉小火，繼續煮10分鐘後，即可取出浸泡冷水，以流動的水浸泡約15分鐘，以消除苦澀味，備用。
2. 取一湯鍋，倒入500公克水，加入全部滷汁材料，開大火煮滾，加入猴頭菇，轉小火，繼續煮15分鐘，熄火，讓猴頭菇在滷汁中浸泡15分鐘，即可取出。
3. 牛番茄洗淨，以滾水汆燙15秒，即可取出，以冷水浸泡，放涼去皮，挖除果肉，即是番茄盅。
4. 蘆筍洗淨，以滾水燙熟，取出，將蘆筍切段。
5. 取一鍋，加入黑胡椒醬與猴頭菇，開小火，煮3分鐘，即可取出猴頭菇，放入番茄盅內。
6. 烤箱用180度預熱10分鐘，將番茄盅放入烤箱，以180度烘烤5分鐘，烤熱即可取出盛盤。
7. 以蘆筍段做裝飾，將番茄盅淋上適量的黑胡椒醬，即可食用。

美味小提醒

- 猴頭菇又稱山伏茸，雖然處理過程比較費工，但味道非常鮮美。滷猴頭菇的時間不宜過久，會破壞菇類的甜分和組織。
- 番茄盅不一定要用烤箱烤，也可以改用蒸籠或蒸鍋，蒸熱即可。

醬料BOX

黑胡椒醬

材料

黑胡椒粉1小匙
醬油200公克
冰糖10公克
花生油1小匙

做法

1. 取一鍋，倒入100公克水，加入全部材料，開大火煮滾，即可熄火，放涼。

鹹味醬料理 5

咖哩醬焗白花椰菜

咖哩醬通常都是做重口味料理，如喜歡清香風味，
可以添加蘋果泥、香蕉泥，讓味道變得溫和。
有的人喜歡添加泰式風味的椰奶，
但濃郁的椰奶味道容易覆蓋住食材的原味。
焗烤料理的重點在於醬汁的濃稠度要足夠，容易附著在要焗烤的蔬菜上，
才能發揮焗烤特色，讓食物表面產生迷人的焦香。
焗烤的蔬菜需要先燙熟的原因是，除了易熟，
主要是為讓飽水度足夠，口感香軟，不會乾硬。

醬料BOX
咖哩醬

材料

咖哩粉30公克
薑5公克
花生油3大匙
醬油1小匙
糖1小匙

麵糊

麵粉1大匙
水2大匙

做法

1. 薑洗淨，切末，備用。
2. 取一鍋，把鍋燒熱，倒入花生油，開小火，炒香薑末，再加入咖哩粉一起炒香。
3. 以醬油、糖調味，加入200公克水煮滾，起鍋前，以麵糊勾薄芡即可。

材料

● 白花椰菜1/2顆（300公克）● 甜豆莢10公克 ● 紅椒50公克
● 黃椒50公克 ● 黑橄欖10公克

調味料

● 咖哩醬200公克 ● 黑胡椒粒1小匙

做法

1. 白花椰菜洗淨，剝小朵，以加鹽滾水煮軟，即可盛盤；甜豆莢洗淨，去頭尾及粗絲，切塊，以加鹽滾水汆燙；紅椒、黃椒洗淨去子，切絲；黑橄欖切片，備用。
2. 將咖哩醬均勻淋在燙熟的白花椰菜上，鋪上甜豆莢塊、紅椒絲、黃椒絲、黑橄欖片，撒上黑胡椒粒，放入已預熱10分鐘的180度烤箱，以180度烘烤6分鐘即可。

美味小提醒

● 選購咖哩粉時，要選用不含五辛成分的素食咖哩粉。
● 炒咖哩醬時，因為大火容易炒焦，所以要以小火慢炒。

菠菜香椿醬佐珍珠丸

香椿醬是常見的素食醬料，但由於它的氣味太過強烈，
讓很多人生厭，因此提供調整風味的做法。
菠菜香椿醬因加入菠菜做調醬，風味柔和，顏色漂亮，
和市售單品香椿醬的風味不同。
香椿醬也可以搭配一般青醬做特調醬汁，雖然味道相近，
但是品嘗起來會極有層次感，讓人印象深刻。
珍珠丸的一般做法，都是在製作時直接做好調味，
這次特別改為搭配沾醬食用，以吃出豆腐食材的清爽原味。
珍珠丸使用家中剩飯來做即可，可說是一道惜福料理。

材料

● 板豆腐200公克 ● 新鮮黑木耳50公克 ● 紅蘿蔔20公克
● 香菜10公克 ● 太白粉2大匙 ● 白飯1碗

調味料

● 鹽1小匙 ● 香油1小匙 ● 白胡椒粉1小匙

做法

1 板豆腐洗淨，放入碗內，用湯匙搗成泥狀；新鮮黑木耳洗淨，切丁；紅蘿蔔洗淨去皮，切丁；香菜洗淨，預留做裝飾用的葉片，其他切末，備用。
2 板豆腐泥加入黑木耳丁、紅蘿蔔丁、香菜末、太白粉，以鹽、香油、白胡椒粉調味，攪拌均勻，捏成圓球狀，用白飯裹成球狀即可。
3 珍珠丸放入蒸鍋，用大火，蒸5分鐘即可。
4 珍珠丸蒸熟後，放入盤子中，珍珠丸上放上適量菠菜香椿醬，以香菜葉做裝飾即可。

美味小提醒

● 本道料理的沾醬，也可改用本書其他鹹味醬或辣味醬做變化吃法。

醬料BOX

菠菜香椿醬

材料

香椿醬4大匙
菠菜100公克
初榨橄欖油2大匙

做法

1. 菠菜洗淨，燙熟，浸泡冷水，擠乾水分，備用。
2. 菠菜放入果汁機，加入香椿醬和初榨橄欖油，一起攪打均勻即可。

京醬爆茭白筍

鹹中帶甜的京醬，是炒菜、拌麵的好幫手，能增加料理的迷人風味。
京醬又稱甜麵醬，很多人都是直接使用罐裝的甜麵醬做料理，
其實甜麵醬不但需要熱炒過，香氣才會出來，還需要再做適度的調味，
掌握糖、水與醬的比例，風味才不會過鹹或過甜。
使用京醬做熱炒料理爆香時，由於京醬以麵粉為主材料，容易焦鍋，
所以爆香時要先開小火，待香氣出來，再加入主食材拌炒。

材料

• 茭白筍3支 • 碧綠筍3支 • 黃檸檬1個 • 辣椒1支

調味料

• 京醬4大匙 • 花生油1大匙

做法

1 茭白筍洗淨去殼，切長條，以滾水汆燙30秒，即可取出；碧綠筍洗淨，切段，以冷水浸泡；黃檸檬洗淨，用刨絲器取皮絲；辣椒洗淨，去子，切花，備用。
2 取一鍋，把鍋燒熱，倒入花生油，開小火，加入京醬略炒，再加入茭白筍條，轉中火，拌炒均勻，即可盛盤。
3 將碧綠筍段以滾水快速汆燙，連同黃檸檬絲、辣椒花放在茭白筍條上做裝飾，即可食用。

美味小提醒

• 碧綠筍絲刀工切得愈細，料理外觀會愈精緻。

醬料BOX

京醬

材料

甜麵醬4大匙
糖1大匙

做法

1. 取一鍋，倒入甜麵醬、糖，以及2大匙水，開小火，將醬汁煮滾即可。

味噌醬烤茄子鑲秋葵

味噌醬是家常料理少不了的萬用醬，煮湯、涼拌、燒烤皆好用。
味噌醬的種類五花八門，通常白味噌的鹹味重，適合煮湯；
紅味噌的色澤美麗，適合燒烤。
味噌如果味道過鹹，可加一點果糖或白醋做調整。
這次設計的味噌醬烤茄子鑲秋葵，特色在於吃起來非常有層次感，
烤得香軟的茄子內夾清爽的秋葵，
搭配鹹香的味噌醬，可讓簡單的食材變得層次豐富。
這道料理的裝飾擺盤，直接取食材的外型做變化，
茄子鑲秋葵不但方便食用，而且增加了品嘗的趣味。

醬料BOX

味噌醬

材料

紅味噌50公克
糖4大匙
白醋1大匙
香油2大匙
白芝麻1大匙

做法

1. 取一個碗，將全部材料放入碗中，加入100公克水，攪拌均勻即可。

材料

- 茄子1條
- 秋葵4支
- 保鮮膜1張

調味料

- 味噌醬適量

做法

1. 茄子洗淨，切5公分長段，中間用小刀挖空；秋葵洗淨，備用。
2. 茄子塞入整條的秋葵，以味噌醬塗抹均勻。
3. 取一個盤子，將茄子鑲秋葵放入盤中，用保鮮膜封緊，放入蒸鍋，水滾後，開中火，蒸10分鐘，即可取出。
4. 烤箱用180度預熱10分鐘，蒸好的茄子鑲秋葵塗上味噌醬，放入烤箱，以180度烘烤至表面呈金黃色即可。

美味小提醒

- 先蒸後烤的做法，是為讓茄子先軟化，把表面烤至上色，香氣才會出來。

鹹味醬料理 9

黃金醬砂鍋豆腐煲

這幾年非常流行用豆腐乳做沾醬，
不論是做拌麵醬汁或火鍋醬料，都很美味。
如果將豆腐乳代替鹽，做炸物醃料，還可增加特殊香氣。
但由於豆腐乳本身已有鹹味，所以在調醬前，
要先試過豆腐乳的鹹度，以免醬汁過鹹。
黃金醬砂鍋豆腐煲的清爽鹹香風味，即來自運用豆腐乳的鹹味，
及紅蘿蔔的天然香氣，做出有沙沙口感的黃金醬。
紅蘿蔔一類的蔬果泥醬料，宜做清爽風味料理，不適合做重口味。
蔬果泥在處理時，要留意食材會不會變色，如易變色，可用醋幫助護色。

醬料BOX

黃金醬

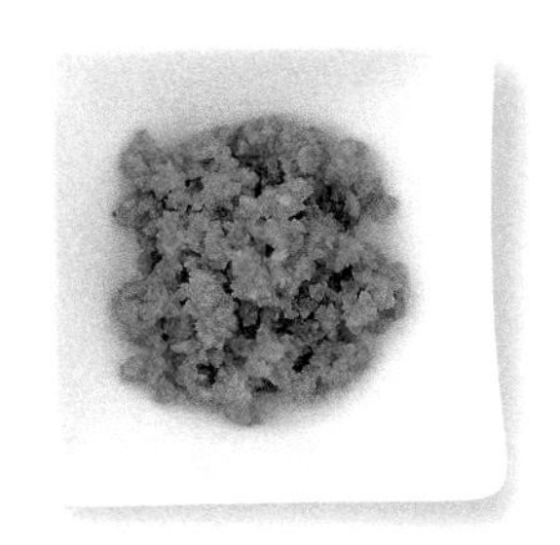

材料

紅蘿蔔1條（300公克）
沙拉油240公克
豆腐乳1塊（10公克）
糖1大匙

做法

1. 紅蘿蔔洗淨，用湯匙刮除表皮，成蘿蔔泥狀，備用。
2. 取一鍋，倒入沙拉油，加熱至微熱後，加入蘿蔔泥，以小火慢炒至呈金黃色泥狀。
3. 加入豆腐乳、糖，攪拌均勻即可。

材料

- 盒裝火鍋豆腐1塊（300公克）
- 青豆仁30公克
- 薑15公克

調味料

- 黃金醬300公克
- 花生油1大匙
- 白胡椒粉1小匙

做法

1 豆腐切小丁；青豆仁洗淨；薑洗淨，切末，備用。
2 取一鍋，倒入花生油，開小火，炒香薑末，加入300公克水，轉大火，加入黃金醬，撒上白胡椒粉，煮滾後再加入豆腐丁、青豆仁，以小火煮1分鐘，即可起鍋，將黃金醬豆腐煲放入砂鍋。

美味小提醒

- 刮取紅蘿蔔泥所用的湯匙邊緣，愈薄愈容易刮取紅蘿蔔外皮。

鹹味醬料理 10

豌豆泥醬煨黑胡麻豆腐

豌豆泥的顏色鮮綠，可以讓料理看起來更加新鮮可口。
黑胡麻豆腐的口感滑嫩，搭配有顆粒感的豌豆仁，
吃起來很有清新的感覺，像是漫步在春天的青草地上。
我很喜歡使用清爽又帶有顆粒感的豌豆仁醬汁，
但如果有人不習慣豌豆仁的顆粒，也可以先行過濾再料理。

醬料BOX

豌豆泥醬

材料

豌豆仁100公克
鹽1大匙
糖1大匙

做法

1. 豌豆仁洗淨，以滾水汆燙，取出後，以鹽、糖調味，加入300公克水，以果汁機攪打成泥即可。

材料

● 黑芝麻50公克 ● 麵粉50公克 ● 玉米粉100公克 ● 鹽1小匙

調味料

● 豌豆泥醬300公克

做法

1 黑芝麻以果汁機打成粉狀，備用。
2 取一鍋，倒入500公克水，加入黑芝麻粉、麵粉、玉米粉，以鹽調味，攪拌均勻，開小火，煮至濃稠，即可起鍋，放入容器中凝固。
3 將凝固的黑胡麻豆腐，沾上少許玉米粉，放入180度的油鍋中，炸約30秒，炸至表面酥狀，即可取出。
4 取一鍋，加入豌豆泥醬煮滾，放入炸黑胡麻豆腐，以小火煮30秒，即可起鍋。

美味小提醒

● 冷凍的豌豆仁不能在熱水中汆燙太久，以免顏色變黃。
● 煮黑胡麻豆腐，需用小火，以免容易燒焦。

Chapter 4

spicy sauce

辣味醬料理

Sauce It Up!

辣味醬料理 1

椒麻彩椒拌裙帶芽

花椒存放過久時，香氣會變淡，
如果希望香氣濃郁，可以用乾鍋炒香花椒。
炒花椒要用小火，以免炒至變苦，
如果沒有把握，可以在熱鍋後熄火，以餘溫炒香。
花椒炒至香氣出來後，如果量少，可以先裝入塑膠袋內揉壓，除去花椒殼；
如果量多，可以直接放入果汁機打成粉，然後再過篩。
椒麻彩椒拌裙帶芽是一道清爽開胃的辣味小菜，
裙帶芽被稱為長壽菜，含有豐富的礦物質，是美味健康的海菜。

醬料BOX

椒麻醬

材料

醬油50公克
花椒粉10公克
辣椒油4大匙
白醋1大匙
香油1大匙

做法

1. 全部材料攪拌均勻即可。

材料

- 乾裙帶芽100公克 ● 紅椒50公克 ● 黃椒50公克

調味料

- 椒麻醬適量

做法

1. 乾裙帶芽用冷開水泡開，再以冷開水沖洗乾淨；紅椒、黃椒洗淨去子，切10公分長絲，備用。
2. 取一個碗，放入裙帶芽、紅椒絲、黃椒絲，以椒麻醬攪拌均勻，即可食用。

美味小提醒

- 裙帶芽不可浸泡過久，以免口感變得軟爛。

辣味醬料理 2

宮保牛蒡條

宮保辣椒如果希望辣度足夠，
要使用「小辣椒的子」，因為辣椒子是辣味的來源。
炒辣椒時，要用小火炒，以免炒出苦味。
宮保醬要注意糖與醬油的比例要恰到好處，醬汁才不會偏鹹或偏甜。

醬料BOX

宮保醬

材料

乾辣椒10公克
醬油2大匙
糖2大匙
花椒粉1/2小匙

做法

1. 乾辣椒剪2公分段，備用。
2. 取一乾鍋，開小火，炒香乾辣椒段，以醬油、糖、花椒粉調味，加入100公克水煮滾即可。

材料

● 牛蒡1支 ● 香菜10公克 ● 白芝麻1大匙

麵糊

● 麵粉4大匙 ● 水8大匙

調味料

● 宮保醬適量

做法

1 牛蒡洗淨去皮，切15公分長條，用刨刀刨15公分長片；香菜洗淨，切末，備用。
2 牛蒡條均勻裹上麵糊，放入160度的油鍋，炸至金黃色，即可撈起盛盤，撒上香菜末、白芝麻。
3 食用時，附上宮保醬即可。

美味小提醒

- 可將刨成片狀的牛蒡條，撒上少許的乾麵粉後，再裹上麵粉糊，可使麵糊較容易附著在牛蒡條。
- 牛蒡刨片後，如果沒有馬上沾粉油炸，需要以冷水浸泡，以免變色。
- 宮保牛蒡條除可將牛蒡條當點心，沾食宮保醬外，也可做成一道熱炒菜。方法為取一炒菜鍋，倒入宮保醬炒香，加入炸牛蒡條，撒上香菜末、白芝麻，拌炒均勻，即可起鍋。

黃金泡菜辣醬醃高麗菜

近年很流行黃金泡菜，但很多人不知道做法，
因此設計黃金泡菜辣醬醃高麗菜。
之前比較流行醃大白菜，現在則流行醃高麗菜。
高麗菜的味道比大白菜甜脆，吃起來更爽口。
醃製大白菜會有氣味不佳的發酵味，高麗菜則無此問題。
以蔬果做醃料，如紅蘿蔔、蘋果、檸檬，帶有天然蔬果香，
所以黃金泡菜辣醬不但有清爽的辣味，而且有清新香氣。

材料

- 高麗菜300公克 ●香菜1公克

調味料

- 黃金泡菜辣醬適量

做法

1 高麗菜洗淨，切5公分長的正方形片，放入鋼盆，加入1大匙鹽，輕輕攪拌，讓高麗菜均勻沾上鹽粒，用保鮮膜覆蓋鋼盆，靜置30分鐘。
2 將高麗菜的鹽分清洗乾淨，瀝乾水分，放入容器，倒入黃金泡菜辣醬，輕輕攪拌均勻，蓋上瓶蓋，放入冰箱冷藏一天。
3 食用時，取出適量的醃高麗菜，將少許醬汁淋在醃高麗菜上，以洗淨的香菜做裝飾即可。

美味小提醒

- 要切除高麗菜粗梗的部分，口感較佳。
- 醃高麗菜的容器，用玻璃容器或保鮮盒皆可。
- 醃泡時間需要一天較易入味，而醃好的高麗菜，最好能在一天內食用，風味最佳，至多存放兩天，因為高麗菜醃泡過久，口感容易軟爛不脆，味道過鹹。

醬料BOX

黃金泡菜辣醬

材料

紅蘿蔔50公克
蘋果50公克
檸檬汁50公克
紅辣椒（大支）50公克
白醋100公克
果糖2大匙
辣椒油50公克
鹽1大匙

做法

1. 紅蘿蔔洗淨去皮，切小丁；蘋果洗淨去皮，切小塊；紅辣椒洗淨，去蒂頭、去子，切小段，備用。
2. 將全部材料，一起放入果汁機中攪打成泥即可。

辣味醬料理 4

七味辣醬拌佛手大頭菜

日本古代有攤販專賣七味辣椒粉，提供顧客自由挑選喜好的配方比例。
七味粉的辣度沒有後勁，料理時主要運用的是它的香氣。
七味辣醬拌佛手大頭菜的設計目的，正是讓大家可以嘗到這道料理的清香。
大頭菜切成五指佛手狀的用意，則是為了幫助入味。

醬料BOX

七味辣醬

材料

七味辣椒粉4大匙
白醋2大匙
鹽1/2小匙
果糖1小匙
花生油2大匙
香油2大匙
香菜1大匙
薑1大匙

做法

1. 香菜洗淨，切末；薑洗淨，切末，備用。
2. 全部材料攪拌均勻即可。

材料

- 大頭菜300公克 ● 香菜5公克

調味料

- 七味辣醬適量

做法

1. 大頭菜洗淨去皮，先切3立方公分塊，每個大頭菜塊先縱切4道2.5公分深度刀痕（勿切斷），再橫切為0.3公分的薄片，即成佛手狀的大頭菜片。
2. 佛手大頭菜片以1大匙鹽醃漬，攪拌均勻，放入容器中，靜置30分鐘醃至入味。
3. 以冷開水將佛手大頭菜片的鹽分，清洗乾淨，瀝乾水分。
4. 取一個碗，放入佛手大頭菜片，以七味辣醬調味，攪拌均勻，以洗淨的香菜做裝飾，即可食用。

美味小提醒

- 佛手大頭菜片要醃至入味，才能消除生菜味。
- 完成醃漬的佛手大頭菜片，要把鹽分完全清洗乾淨，才不會在加入七味辣醬調味後，口味過鹹。

辣味醬料理5

辣根水蓮

在多種辣味醬食材裡，白蘿蔔的辣味有時會被忽略，
這一種清爽的辣味，可以讓不習慣重辣的素食者，
增加一些料理的風味變化。
日本人稱白蘿蔔為大根，白蘿蔔泥是常用的沾醬食材。
水蓮通常都用於清炒，比較少烹調變化，
因此以做菜捲的方式，讓水蓮的爽脆口感被凸顯，
再以辣根醬提味，增添水蓮的香氣。

材料

● 水蓮300公克 ● 紅椒5公克 ● 壽司捲簾1張

調味料

● 辣根醬適量

做法

1 水蓮去蒂頭，切15公分段，洗淨，以加鹽滾水汆燙30秒，撈起，浸泡冷水放涼，撈起；紅椒洗淨去子，切三角形片，以滾水汆燙，備用。
2 取1張壽司捲簾，先將水蓮段捲起成圓柱狀，再切3公分段，排入盤中。
3 食用時，以紅椒片做裝飾，淋上辣根醬即可。

醬料BOX

辣根醬

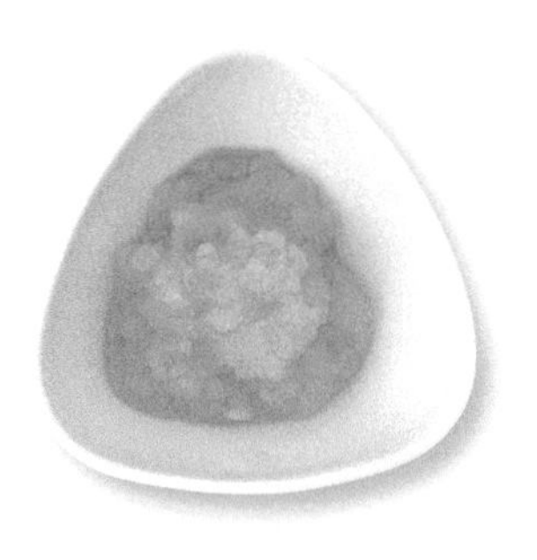

材料

白蘿蔔300公克
辣椒油1大匙
鹽1小匙
白胡椒粉1小匙

做法

1. 白蘿蔔洗淨去皮，用磨泥器磨成泥，擠出水分，保留一點湯汁即可。
2. 白蘿蔔泥以辣椒油、鹽、白胡椒粉調味，攪拌均勻即可。

美味小提醒

● 選用臺灣所生產的白蘿蔔，比較帶有蘿蔔香氣。

酥炸皇帝豆佐芥末醬

日式的綠芥末醬是用山葵製作的，
和用芥末子做的黃芥末醬風味不同，帶有嗆鼻的辣味。
綠芥末醬的辛辣刺激點與辣椒不同，辣椒刺激舌頭，山葵則刺激鼻竇。
如果覺得味道太辣，可以加水和果糖做調合。
酥炸皇帝豆使用芥末醬，是為讓皇帝豆吃起來更香辣美味。

材料
- 皇帝豆100公克 • 秋葵1支 • 辣椒1支

麵糊
- 麵粉3大匙 • 水6大匙

調味料
- 日式芥末醬適量 • 太白粉1大匙

做法

1 皇帝豆洗淨；秋葵洗淨，切片，汆燙；辣椒洗淨，切片，汆燙，備用。
2 取一鍋，倒入適量水煮滾，放入皇帝豆，煮5分鐘，撈起，瀝乾水分，均勻撒上1大匙的太白粉，加入麵糊，攪拌均勻。
3 將裹了麵糊的皇帝豆分次放入160度的油鍋，炸至表面呈金黃色，即可撈起盛盤。
4 炸皇帝豆以秋葵片、辣椒片做裝飾，附上日式芥末醬即可。

醬料BOX

日式芥末醬

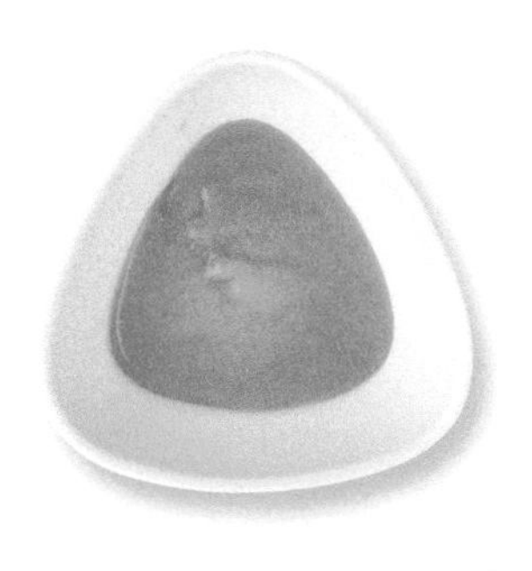

材料
芥末粉2大匙
果糖1小匙
花生油1大匙

做法
1. 全部材料加入200公克冷開水，攪拌均勻即可。

美味小提醒
- 皇帝豆裹上麵糊後，要一個個分次放入鍋內油炸，以免互相沾黏。
- 芥末粉也可改用新鮮山葵磨成泥，調製為芥末醬。

辣味醬料理 7

泰式香茅綠咖哩醬燒白蘆筍

泰式的綠咖哩與紅咖哩的辣度非常強勁，需要酌量使用。
如果覺得太辣，可以加一點椰奶或椰糖調味。
許多人愛吃咖哩料理，就在於它的濃郁風味。
烹煮白蘆筍時，也可以加入咖哩葉同煮，
讓綠咖哩醬的香氣更濃厚，增加風味。

醬料BOX

泰式香茅綠咖哩醬

材料

新鮮香茅1支（20公克）
綠咖哩醬50公克
南薑15公克
果糖1小匙
花生油4大匙

做法

1. 新鮮香茅洗淨，切5公分段，用刀面拍碎；南薑洗淨，切末，備用。
2. 取一鍋，倒入500公克水，加入香茅段煮滾，轉小火，繼續煮5分鐘，即是香茅高湯。
3. 取一個碗，加入綠咖哩醬、南薑末、果糖、花生油，再加入200公克的香茅高湯，攪拌均勻即可。

材料

- 白蘆筍3支（100公克）

調味料

- 泰式香茅綠咖哩醬適量
- 花生油2大匙

做法

1. 白蘆筍洗淨，切5公分長段，備用。
2. 取一平底不沾鍋，倒入花生油，將白蘆筍段兩面煎至金黃色，即可起鍋。
3. 重熱油鍋，放入泰式香茅綠咖哩醬，以小火煮滾，加入白蘆筍段，以小火煮1分鐘，即可起鍋。

美味小提醒

- 綠咖哩醬比紅咖哩醬的辣度強，可用果糖調整辣度。

紅油抄手醬拌蔬菜千絲

辣味醬料理 8

四川人稱餛飩為抄手，紅油抄手醬是川味濃郁的醬料。
紅油的優點在於顏色美麗、香氣迷人，能讓料理看起來更加可口。
涼拌菜的重點為吃食材的風味，紅油抄手醬的功能，
是幫助襯托蔬菜的美味，感受蔬菜的清脆爽口，並增加香氣。

材料
- 玉米筍20公克 ● 紅椒50公克 ● 黃椒50公克
- 柳松菇50公克 ● 豌豆苗10公克

調味料
- 紅油抄手醬適量

做法
1. 玉米筍、紅椒、黃椒、柳松菇、豌豆苗分別洗淨，備用。
2. 玉米筍、紅椒、黃椒全部切長條，連同柳松菇、豌豆苗，一起加鹽滾水汆燙30秒，即可撈起，瀝乾水分。
3. 取一個盤子，鋪上玉米筍條、紅椒條、黃椒條、柳松菇、豌豆苗，做好的紅油抄手醬趁熱淋上，輕輕攪拌均勻，即可食用。

美味小提醒
- 如覺得辣度不夠，可以增加辣椒油和辣椒醬的用量。

醬料BOX
紅油抄手醬

材料
紅蘿蔔50公克
新鮮黑木耳50公克
花生油4大匙
香油2大匙
辣椒油4大匙
醬油2大匙
糖1小匙
辣椒醬1大匙
薑10公克

做法
1. 紅蘿蔔洗淨去皮，切細末；新鮮黑木耳洗淨，切細末；薑洗淨，切末，備用。
2. 取一鍋，把鍋燒熱，倒入花生油、香油、辣椒油，炒香薑末，加入辣椒醬、紅蘿蔔末、黑木耳末，最後以醬油、糖調味，攪拌均勻即可。

粉蒸辣味野菇地瓜

中國人喜歡蒸菜，有「無菜不蒸」的說法。
粉蒸是非常方便實用的料理方法，可以讓菜餚鮮嫩可口。
由於在蒸製過程不能做調味處理，
所以在將食材放入蒸鍋前，要先做好調味。
粉蒸醬所用的粉可分為辣味與原味兩種，
有辣味的香氣較足夠，吃起來有飽足感。
濃稠的醬汁如南瓜醬、地瓜醬，都會帶給人飽足感，
這道料理可讓人吃得心滿意足。

材料

●紅地瓜150公克 ●新鮮香菇20公克 ●蘑菇30公克
●杏鮑菇30公克 ●小豆苗3公克

調味料

●粉蒸辣味醬適量 ●七味粉少許

做法

1 紅地瓜洗淨去皮，切3公分滾刀塊；新鮮香菇洗淨留梗，切十字分為4塊；蘑菇洗淨，對剖；杏鮑菇洗淨，切滾刀塊；小豆苗洗淨，備用。
2 取一個盤子，加入紅地瓜塊、香菇塊、蘑菇塊、杏鮑菇塊，一起以粉蒸辣味醬調味，攪拌均勻，放入蒸鍋，用大火蒸20分鐘，即可取出。
3 以小豆苗做裝飾，撒上七味粉，即可食用。

美味小提醒

● 選用紅地瓜的原因，為含水量較黃地瓜少，所以甜度較高，口感較綿密。

醬料BOX

粉蒸辣味醬

材料

蒸肉粉300公克
辣椒醬4大匙
辣椒油2大匙
醬油2大匙
白胡椒粉1小匙
香油2大匙

做法

1. 全部材料加入60公克水，攪拌均勻即可。

辣味醬料理 10

甜辣醬拌豆腐野菜渣

甜辣醬是中國的特色醬，西式醬汁比較少用甜辣醬。
通常的調製方法為先炒麵粉糊做白醬，
加入蔬菜高湯，再以辣椒醬調味，勾芡的濃稠度要足夠。
豆腐野菜渣是日本傳統冷菜，可說是活用剩菜的惜福菜，
只要將剩菜加入豆腐就又是一道新菜。
傳統習慣用胡麻油、淡色醬油調味，此次改用甜辣醬，
是因為甜辣醬具有綜合與調整不同食材風味的功能。
甜辣醬也可做為一般點心沾醬使用。

醬料BOX

甜辣醬

材料

番茄醬100公克
辣椒醬50公克
香油2大匙
辣椒油2大匙
薑1大匙

做法

1. 薑洗淨，切末，備用。
2. 全部材料攪拌均勻即可。

材料

- 板豆腐300公克 • 蘑菇50公克 • 小番茄50公克
- 豌豆苗10公克 • 九層塔5公克

調味料

- 甜辣醬適量

做法

1. 板豆腐洗淨，放入碗內，用湯匙搗碎；蘑菇洗淨，切塊；小番茄洗淨，切塊；豌豆苗洗淨；九層塔洗淨，備用。
2. 板豆腐碎、蘑菇塊、小番茄塊、豌豆苗以滾水汆燙，即可起鍋，瀝乾水分，盛盤。
3. 食用時，淋上甜辣醬攪拌均勻，以九層塔做裝飾即可。

美味小提醒

- 豆腐可改用其他口味的豆腐代替，如花生豆腐或芝麻豆腐，會有不同的口感和風味。

Chapter 5

savory sauce

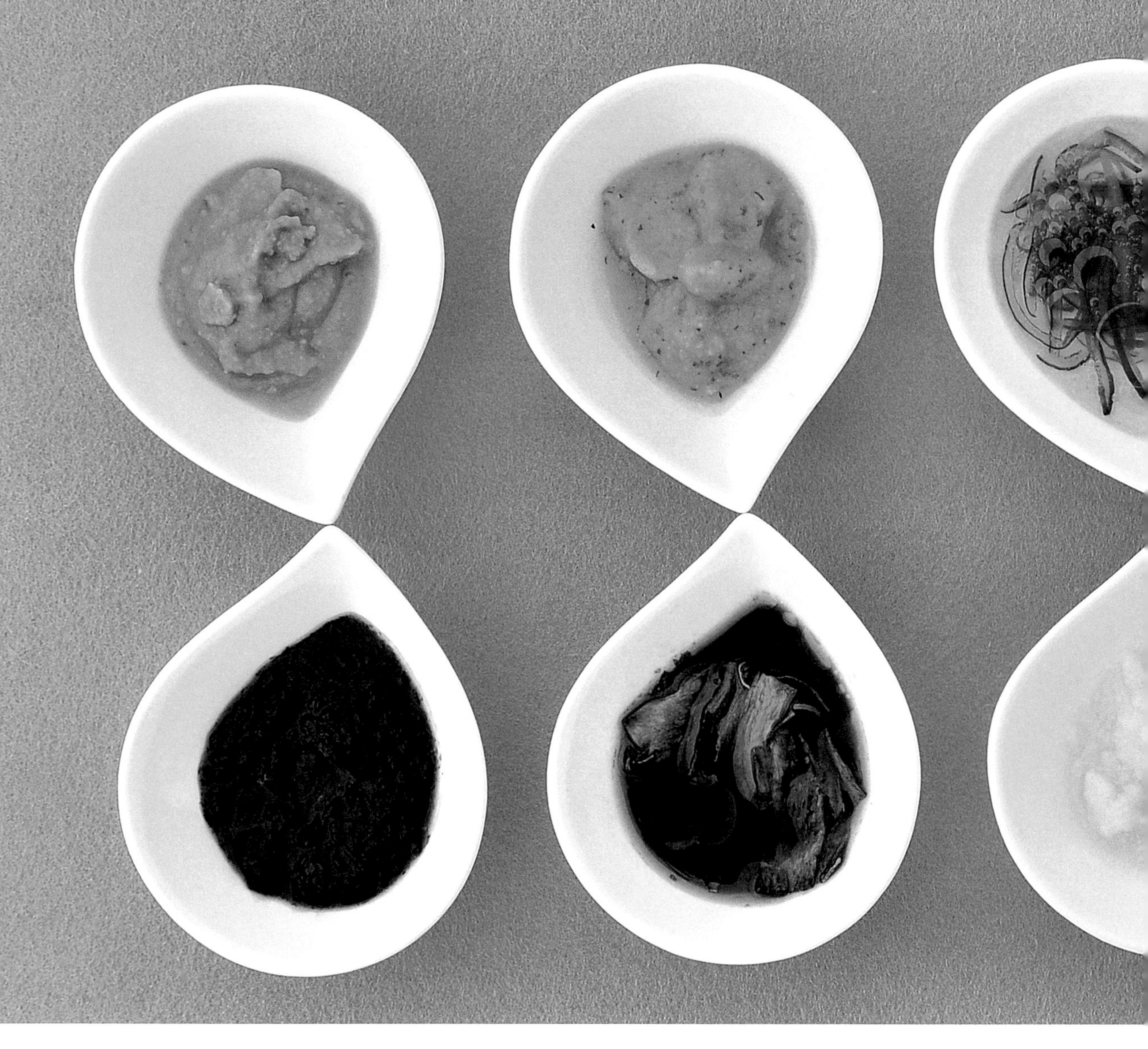

鮮味醬料理

Sauce It Up!

蔬菜拌醬蒸高麗菜苗

高麗菜苗的口感清脆可口，
適合以清蒸或汆燙料理，直接品嘗它的鮮甜原味。
高麗菜苗如果用大火快炒，
反而會流失它的甜度，所以設計以清蒸方式做料理。
蔬菜拌醬擁有天然蔬果的鮮味，平常在家中做清蒸蔬菜，
也可以使用蔬菜拌醬增加鮮味與變化菜式。

醬料BOX

蔬菜拌醬

材料

蔬菜高湯100公克
新鮮黑木耳10公克
鹽1小匙
白醋1大匙
花生油1大匙
香油1大匙

做法

1. 新鮮黑木耳洗淨，切絲，備用。
2. 取一鍋，倒入花生油，開小火，加入黑木耳絲略炒，倒入蔬菜高湯，開大火煮滾，以鹽、白醋調味，淋上香油，即可起鍋。

材料

- 高麗菜苗6顆（150公克）

調味料

- 蔬菜拌醬適量

做法

1. 高麗菜苗整顆對切，洗淨，備用。
2. 高麗菜苗放入蒸鍋，開大火，蒸6分鐘，即可取出盛盤。
3. 高麗菜苗淋上蔬菜拌醬，即可食用。

美味小提醒

- 蔬菜高湯的做法有很多種，可用帶有甜味的蔬果來熬製清湯，如高麗菜、玉米、牛番茄、蘋果、牛蒡、腰果、蓮藕……等，將蔬果洗淨後，切大塊，一起放入鍋內，用水蓋過蔬果塊的高度，煮滾後，轉小火，再煮30分鐘即可。在熬煮高湯的過程裡，要將浮渣撈除乾淨。
- 高麗菜苗如有脫水狀態，料理前可先整顆以水浸泡30分鐘，食用的口感較佳。

蘑菇佐咖啡栗子醬

以咖啡入菜，是時尚的新料理。咖啡栗子醬除有咖啡的香苦味，
還有栗子的鮮甜味，是風味特別的醬汁。
栗子多澱粉質，具有容易吸收水分的特質，要留意調醬的水分是否足夠。
本道料理使用小番茄，是為了在鮮甜風味中，
加一點酸味做變化，提昇整體的口感。

材料
- 蘑菇6朵（100公克）
- 九層塔葉6片
- 小番茄6個（60公克）

調味料
- 咖啡栗子醬適量

做法
1. 蘑菇洗淨，去蒂頭，放入蒸鍋，開大火，蒸6分鐘；九層塔葉洗淨；小番茄洗淨，對剖，備用。
2. 蘑菇倒放，放上小番茄塊，以九層塔葉做裝飾，即可排盤。
3. 食用時，淋上咖啡栗子醬即可。

美味小提醒
- 使用即溶咖啡粉的原因，除較方便操作，並可避免咖啡香氣蓋過栗子醬風味。以咖啡入菜的訣竅在於咖啡的使用分量不可過多，少量即可增加料理香氣與醬汁濃郁度。

醬料BOX

咖啡栗子醬

材料
新鮮栗子15粒（150公克）
即溶咖啡粉1小匙
醬油1小匙
糖1大匙
麵粉1小匙

做法
1. 將新鮮栗子放入滾水中，以小火煮15分鐘，取出，備用。
2. 栗子放入果汁機中，加入300公克冷開水、即溶咖啡粉、醬油、糖、麵粉，攪打成泥。
3. 取一鍋，倒入咖啡栗子泥，煮滾，即可關火。

海苔昆布醬五彩蘿蔔捲

海苔與昆布都具有海味，可以提昇料理的鮮味。
海苔昆布醬的海苔醬，能提供醬汁所需的鹹味和鮮甜味，
昆布則除了提供鮮味，還可增加醬汁的黏稠度。
本道料理除以海苔昆布醬帶出鮮味，也可品嘗到蘿蔔的脆度。
如喜歡更爽脆的口感，蘿蔔也可不汆燙，
改為用鹽先略微抓醃，再以開水沖洗掉鹽分。

醬料BOX

海苔昆布醬

材料

昆布（10公分長）3片
海苔醬4大匙
糖1小匙
花生油1小匙
香油1小匙

做法

1. 昆布表面稍擦拭，備用。
2. 取一鍋，倒入50公克水，加入昆布煮滾，即可熄火，讓昆布在湯中浸泡10分鐘。
3. 將昆布連同昆布高湯放入果汁機，加入海苔醬、糖、花生油、香油，一起攪打成泥。

材料

- 白蘿蔔1/2條
- 紅椒100公克
- 黃椒100公克
- 蘆筍（小型）6支

調味料

- 海苔昆布醬適量

做法

1. 白蘿蔔洗淨去皮，先切10公分長正方片，再片為0.2厚公分的薄片；紅椒、黃椒洗淨去子，切10公分長條；蘆筍洗淨，切10公分長段，備用。
2. 白蘿蔔片、紅椒條、黃椒條、蘆筍段，分別以滾水汆燙10秒鐘，取出，以冷水浸泡，放涼。
3. 取一片白蘿蔔片，放上紅椒絲、黃椒絲、蘆筍段，捲起即可。
4. 食用時，淋上海苔昆布醬即可。

美味小提醒

- 昆布要在熱水中悶煮至有點熟軟，才不會太硬而不易攪打。昆布也可改為使用海帶結，數量約5至8個。

鮮筍乾煸四季豆

新鮮竹筍用於調製醬料時，不必過多調味，本身風味即很鮮甜。
鮮筍醬適用於搭配容易讓醬料附著的食材，例如四季豆、水蓮……。
本道料理建議選用當季盛產的綠竹筍，較不會有苦味。
如擔心竹筍有苦味，可使用洗米水同煮，或酌加一點糖。
如希望加快竹筍煮熟的時間，可切小丁，較易熟。

醬料BOX

鮮筍醬

材料

綠竹筍1/2支（300公克）
蔬菜高湯100公克
鹽1小匙
香油1小匙

做法

1. 綠竹筍剝殼，洗淨，切塊，以滾水煮熟，備用。
2. 綠竹筍塊放入果汁機，攪打成泥。
3. 綠竹筍泥加入蔬菜高湯，以鹽調味，淋上香油即可。

材料

- 四季豆500公克

調味料

- 鮮筍醬適量
- 花生油1大匙
- 醬油1小匙
- 糖1小匙
- 白胡椒粉1小匙
- 香油1小匙

做法

1. 四季豆洗淨，摘除頭尾，備用。
2. 取一鍋，倒入花生油，開小火，慢慢煸炒至乾扁狀，以醬油、糖、白胡椒粉、香油調味，拌炒均勻，即可起鍋盛盤。
3. 四季豆淋上鮮筍醬，即可食用。

美味小提醒

- 四季豆也可改為水煮，以滾水燙熟即可，味道較清爽。

鮮味醬料理 5

黑白蘑菇醬牛蒡菇盒

菇類食材用於調製醬汁，能讓料理的味道特別鮮美。
本道料理雖未使用松露，但是蘑菇與香菇一起打成醬汁，
加入花生油後，會帶有松露的風味。
用香菇做菇盒的目的，是為了方便食用。
口感酥脆的牛蒡，加上氣味香濃的黑白蘑菇醬，會愈吃愈香酥。

材料
- 牛蒡300公克 • 蘑菇3朵 • 新鮮香菇6朵
- 香菜10公克 • 麵粉2大匙
- 九層塔3公克

麵糊
- 麵粉4大匙 • 水6大匙

調味料
- 黑白蘑菇醬200公克

做法
1. 牛蒡洗淨去皮，切絲；蘑菇洗淨，切片；新鮮香菇洗淨，去蒂頭；香菜洗淨，摘取葉片；九層塔洗淨，備用。
2. 牛蒡絲、蘑菇片、香菜葉加入麵粉，攪拌均勻，即是餡料。
3. 香菇放上餡料，淋上麵糊，即是牛蒡菇盒。
4. 熱油鍋，開大火，用160度的油，將牛蒡菇盒炸至金黃色，即可起鍋盛盤。
5. 牛蒡菇盒淋上黑白蘑菇醬，以九層塔做裝飾，即可食用。

美味小提醒
- 黑白蘑菇醬要炒至香氣出來，再加入調味料，香氣才足夠。

醬料BOX
黑白蘑菇醬

材料
蘑菇6朵
新鮮香菇3朵
鹽1小匙
糖1小匙
白胡椒粉1小匙
醬油1小匙
香油1大匙

做法
1. 蘑菇洗淨，切小丁；新鮮香菇洗淨，切小丁，備用。
2. 取一鍋，倒入香油，開小火炒香蘑菇丁、香菇丁，加入200公克水，以鹽、糖、白胡椒粉、醬油調味，煮滾即可。
3. 將煮熟的醬汁倒入果汁機，攪打至碎即可。

百香果涼拌金針

臺灣被稱為水果王國，有種類豐富的新鮮水果可入菜。
以水果入菜時，如能直接取果實外型做盛裝的器皿，
再以新鮮果汁、果肉調醬，最能吃出鮮美風味。
百香果涼拌金針便是一道簡單易做的料理，
以百香果的果殼為食器，再拌入百香果汁。
金針鮮蕾是金針花尚未開花的綠色花朵，要煮熟後才能食用。
金針可改為百合根，百香果也可改用石榴、葡萄柚，
可以嘗試不同食材的新組合。

材料

- 金針鮮蕾30公克

調味料

- 百香果醬適量

做法

1. 金針鮮蕾洗淨，用滾水氽燙30秒，撈起，備用。
2. 將金針鮮蕾放入挖空的百香果果殼內，淋上百香果醬，即可食用。

美味小提醒

- 新鮮的百香果買回家後，要盡快食用，盡量不要存放在冰箱，因為冷藏後的百香果，甜度會降低。

醬料BOX

百香果醬

材料

新鮮百香果3個（100公克）

做法

1. 新鮮百香果洗淨，對剖，取出百香果的果汁。

腰果青醬白玉苦瓜

苦瓜本身無味，青醬可幫助提昇香氣，讓苦瓜吃起來的口感鮮香濃郁。
使用腰果一類堅果製作醬汁，不但營養成分高，而且風味清香。
喜歡腰果口感較酥脆的人，可以在料理前先用烤箱烤過；
喜歡口感較柔軟的人，則可以改用熱水汆燙。
羅勒也可以改用九層塔，但是建議這道料理選用味道較為清香的羅勒，
讓香滑的腰果青醬，吃起來更爽口。

材料

- 白苦瓜1條（300公克）
- 九層塔10公克

調味料

- 腰果青醬適量

做法

1. 白苦瓜洗淨，切5公分方塊，以滾水汆燙至熟軟；九層塔洗淨，瀝乾水分，備用。
2. 白苦瓜塊加入青醬，攪拌均勻，即可擺盤。
3. 以九層塔做裝飾，即可食用。

美味小提醒

- 食用時，除可將白苦瓜塊與青醬攪拌均勻，也可將青醬當沾醬沾食。

醬料BOX

腰果青醬

材料

腰果10粒（30公克）
羅勒10公克
鹽1小匙
白胡椒粉1小匙
初榨橄欖油4大匙

做法

1. 腰果放入烤箱，以120度烘烤10分鐘，即可取出。
2. 將全部材料放入果汁機，攪打成泥即可。

杏仁百合根醬香煎蘆筍

有些人覺得純素西餐的食材很受限，
無蛋、奶成分的沾醬、抹醬、沙拉醬，不易做得美味。
其實，如果能回歸素食食材的特質，放下仿葷食的想法，
反而可以看見西式醬汁無限的揮灑空間。
例如本道料理使用杏仁百合根醬做白醬，
不但可嘗到杏仁的迷人香氣、百合根的鮮甜濃稠口感，
而且清爽健康不油膩。

醬料BOX

杏仁百合根醬

材料

新鮮百合根1粒（50公克）
杏仁片30公克
鹽1小匙
白胡椒粉1小匙
初榨橄欖油1大匙

做法

1. 新鮮百合根洗淨；杏仁片放入烤箱，以120度烘烤至呈金黃色，備用。
2. 將全部材料放入果汁機中，加入300公克水，攪打均勻，即可取出。
3. 取一鍋，倒入杏仁百合根醬，以中小火煮滾即可。

材料

- 蘆筍（大支）5支（150公克）
- 初榨橄欖油1小匙
- 紅蘿蔔嬰10公克

調味料

- 杏仁百合根醬適量

做法

1. 蘆筍洗淨，根部1/3處用刨刀去皮，整支對剖為10公分長；紅蘿蔔嬰洗淨去皮，以滾水燙熟，備用。
2. 取一平底不沾鍋，倒入初榨橄欖油，開小火，將蘆筍煎至呈金黃色，即可起鍋排盤。
3. 將蘆筍和紅蘿蔔嬰淋上煮好的杏仁百合根醬，即可食用。

美味小提醒

- 挑選蘆筍時，要選購色澤鮮綠色，形狀直挺，品質較佳。

蒔蘿地瓜醬烤桂竹筍

新鮮蒔蘿具有特殊香氣，而澱粉質豐富的地瓜，可讓口感變得濃稠。使用蒔蘿地瓜醬做為醬料的主食材，本身的鮮甜度要高，才能夠相得益彰。桂竹筍的風味鮮甜，使用蒔蘿地瓜醬可增加焗烤後的濃稠鮮香口感。焗烤醬的食材，也可以改用柿子或蘋果，味道都很可口。

醬料BOX

蒔蘿地瓜醬

材料

新鮮蒔蘿15公克
紅地瓜1條（300公克）
鹽1小匙
白胡椒粉1小匙
初榨橄欖油1大匙

做法

1. 新鮮蒔蘿洗淨，切碎；紅地瓜洗淨去皮，切3公分塊；備用。
2. 紅地瓜塊放入蒸鍋，以大火蒸15分鐘，蒸至熟軟，即可取出。
3. 將紅地瓜塊、蒔蘿碎以鹽、白胡椒粉、初榨橄欖油調味，攪拌均勻即可。

材料

- 綠竹筍1支（400公克）

調味料

- 蒔蘿地瓜醬適量

做法

1 取一鍋，加入適量水，綠竹筍整支帶殼直接放入冷水中，煮滾後，轉小火，悶煮10分鐘，關火，讓綠竹筍在鍋內泡至水涼後，即可撈起，備用。

2 綠竹筍以直刀對剖，用小刀取出筍肉，將筍肉切3公分滾刀塊後，再放回綠竹筍中，淋上約20公克的蒔蘿地瓜醬。

3 烤箱預熱180度10分鐘，放入綠竹筍，以180度烘烤4分鐘，烤至蒔蘿地瓜醬表面呈金黃色即可。

美味小提醒

- 購買綠竹筍時，以挑選筍尖愈彎曲的，品質和口感愈好。
- 如果新鮮蒔蘿不易買到，也可以使用乾燥的義式綜合香料，但是新鮮蒔羅的香氣較佳，如改用乾燥的香料替代，需要增加用量，才能讓香氣足夠。

麻油薑味醬燒白玉菇

麻油薑味醬的香氣濃厚，這是一道讓人食指大動的香氣撲鼻料理。
白玉菇本身味道鮮甜，使用麻油薑味醬，可再增加鮮甜度。
在做麻油料理時，要注意一個要訣，
因為麻油加鹽會產生苦味，要改用醬油調味。
此外，爆香老薑片時，要避免炒至焦黑，味道才不會變苦。

材料
- 白玉菇150公克

調味料
- 麻油薑味醬適量

做法
1. 白玉菇洗淨，剝小朵，備用。
2. 取一鍋，倒入麻油薑味醬，煮滾後，加入白玉菇，以小火煮2分鐘，煮至湯汁微乾，即可起鍋。

醬料BOX
麻油薑味醬

材料
老薑20公克
麻油2大匙
當歸1片
川芎1片
枸杞10粒
醬油2大匙
糖1小匙

做法
1. 老薑洗淨，帶皮切0.2公分圓片；當歸、川芎洗淨，用剪刀剪0.1公分寬、2公分長細絲；枸杞洗淨，泡軟，備用。
2. 取一鍋，倒入麻油，爆香老薑片，以小火炒2分鐘，炒至老薑片呈金黃色，以醬油、糖調味，加入300公克水，繼續以小火煮滾後，再加入當歸、川芎、枸杞煮滾即可。

美味小提醒
- 麻油爆香薑片，需要以小火慢炒，把薑片的水分逼出，香氣才會出來。

禪味廚房 8

醬醬好料理
Sauce It Up!

國家圖書館出版品預行編目資料

醬醬好料理／陳進佑, 李俊賢著. −−初版. −
−臺北市：法鼓文化, 2012.08
面； 公分
ISBN 978-957-598-594-3 (平裝)

1.調味品 2.食譜

427.61 101013457

作者／陳進佑、李俊賢
攝影／周禎和
出版／法鼓文化
總監／釋果賢
總編輯／陳重光
編輯／張晴、李金瑛
美術編輯／化外設計
地址／臺北市北投區公館路 186 號 5 樓
電話／（02）2893-4646
傳真／（02）2896-0731
網址／http://www.ddc.com.tw
E-mail／market@ddc.com.tw
讀者服務專線／（02）2896-1600
初版一刷／2012 年 8 月
初版三刷／2022 年 3 月
建議售價／新臺幣 300 元
郵撥帳號／50013371
戶名／財團法人法鼓山文教基金會 — 法鼓文化
北美經銷處／紐約東初禪寺
Chan Meditation Center（New York, USA）
Tel／（718）592-6593
E-mail／chancenter@gmail.com